図解入門
How-nual
Visual Guide Book

よくわかる
最新金型の基本と仕組み

三大金型を中心に金型の基礎を学ぶ

[第2版]

森重 功一 著

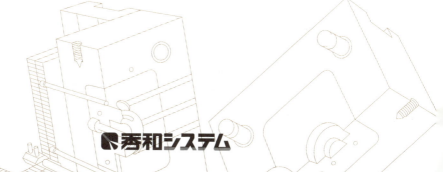

秀和システム

●注意
(1) 本書は著者が独自に調査した結果を出版したものです。
(2) 本書は内容について万全を期して作成いたしましたが、万一、ご不審な点や誤り、記載漏れなどお気付きの点がありましたら、出版元まで書面にてご連絡ください。
(3) 本書の内容に関して運用した結果の影響については、上記(2)項にかかわらず責任を負いかねます。あらかじめご了承ください。
(4) 本書の全部または一部について、出版元から文書による承諾を得ずに複製することは禁じられています。
(5) 商標
本書に記載されている会社名、商品名などは一般に各社の商標または登録商標です。

はじめに

　この本は、仕事で初めて金型に関わることになった企業の方や、金型に興味をもった学生の皆さんなど、「金型初心者」の方が最初に読むことを想定して書いたものです。

　自動車、家電、電子部品、精密機器、事務用品、日用品、玩具など、身の回りにある量産製品を見てみると、金型に関係しないものを探すことは難しいでしょう。
　日本は金型の生産量でダントツの世界第1位。2位以下の国を大きく引き離しています。しかし、金型を利用して製造された製品を利用している人が、金型を意識することはほとんどありません。

　私は現在所属している大学で生産システムの講義を担当していますが、設計から加工、検査までの工程を総合的に説明するための事例としては、金型を取り上げることが非常に便利です。3次元CADを利用した設計、3次元データを用いたさまざまなシミュレーション、工程・作業設計、機械工作法、工作機械と工具、CAMを利用した加工データの作成、3次元測定機による検査など、金型作製の各工程を掘り下げて学ぶことにより、既存の生産技術のほとんどを網羅することができるからです。
　また、金型は構造が複雑なうえに高い精度が求められるため、製作が非常に難しいとされています。そのため、加工方法だけでなく、工作機械や製造系ソフトウェアといった加工要素技術などの進歩を強く牽引してきました。現在でも、金型製造を意識した工作機械やソフトウェアが多数提供されています。日本では製造業の海外流出が進み、技術の空洞化が懸念されていますが、金型は今後も国内での製造を維持すべき重要な「高付加価値製品」なのです。

金型はたくさんの種類がありますが、本書では合計で生産額のほぼ8割を占めている「三大金型」として、射出成形、プレス、ダイカストの3つの成形方法と金型の仕組みについて主に解説しました（2～4章）。また、金型を利用した日本の代表的な工業製品は、なんといっても自動車ですが、その部品の中から成形が特徴的なものを取り上げて説明しています（7章）。最後に、日本の金型産業の現状と今後の課題について述べています（8章）。

　また本書では、公開が可能なもので最良の写真を数多く掲載するように努めました。金型はユーザーから受注して作る製品であるため、写真などのデータを公開しにくいという事情があります。貴重な写真やイラストを提供していただいた各企業の関係者の方々には心よりお礼申し上げます。

　本書がきっかけとなって、読者の方が金型をより近くに感じていただけるようになり、今後の皆さんの活動に少しでも良い影響を与えることができれば、これに勝る喜びはありません。

　最後になりましたが、本書の編集作業を担当していただいた秀和システム第一出版編集部の皆様にお礼申し上げます。

2018年6月

森重　功一

図解入門
よくわかる
最新**金型**の基本と仕組み［第2版］

Contents

はじめに …………………………………………………………………………… 3

Chapter 1　私たちの暮らしと金型

- 1-1　金型とは ……………………………………………………………… 12
  「型」とは／「型」から「金型」へ／「金型」に支えられた社会／金型は素形材産業の基盤
- 1-2　金型を使った金属成形 ……………………………………………… 14
  鋳造／ダイカスト／鍛造／プレス加工
- コラム　貨幣の作り方 …………………………………………………… 19
- 1-3　金型を使ったプラスチック成形 …………………………………… 20
  プラスチックの種類／射出成形／押出し成形／フィルムやシートの押出し成形／ブロー成形／真空成形／圧縮成形
- コラム　アルミサッシ用の中空材 ……………………………………… 24
- 1-4　スマートフォンの生産にも欠かせない金型 ……………………… 28
  リードフレーム／液晶ディスプレイの導光板／バッテリーのケース
- 1-5　どの金型が多く作られているのか ………………………………… 31
  1位プレス型、2位プラスチック型

Chapter 2　射出成形金型

- 2-1　射出成形機 …………………………………………………………… 34
  射出成形機の種類／射出成形機の構造
- コラム　軽くて静かなプラスチック歯車 ……………………………… 35
- 2-2　射出成形金型に関する用語 ………………………………………… 36
  キャビティとパーティングライン／スプルー、ランナー、ゲート

2-3	射出成形金型の構造 ································· 38
	ツープレート（2枚構成）金型／スリープレート（3枚構成）金型／ホットランナー金型
コラム	光ディスクやスマートフォンに用いられるプラスチックレンズ ·· 40
コラム	ガラスの型で作られるレンズ ···························· 41
2-4	射出成形金型の仕組み ································· 42
	成形品の離型／抜き勾配／金型温度の調整／アンダーカット処理／外側のアンダーカット部の処理（外側スライドコア方式）／内側のアンダーカット部の処理（傾斜スライド方式）
2-5	射出成形の不良と対策 ································· 48
	表面がへこむ―ヒケ／成形品が曲がる―ソリ／成形品が欠ける―ショートショット／後処理が大変―バリ／割れ？―ウェルドライン／表面に現れる縞模様―フローマーク／ジェッティング／難しい成形条件の設定
コラム	製品の表面にある微細な模様―シボ ······················ 55

Chapter 3　プレス金型

3-1	プレス機械の構造 ····································· 58
	スライドの上下運動を支える／サーボ化が進むプレス機械
3-2	プレス機械の種類 ····································· 60
	フレーム構造によるプレス機械の分類
3-3	さまざまなプレス加工 ································· 62
	せん断加工／曲げ加工／絞り加工／飲料缶の作り方
3-4	プレス金型の構成 ····································· 69
	プレス金型を構成する部品
コラム	高精度なせん断加工を実現するファインブランキング ····· 71
3-5	プレス加工の自動化 ··································· 72
	トランスファ加工／ロボットを利用した自動化／順送加工／順送金型の仕組み
コラム	標準部品の利用による金型製造の効率化 ·················· 75
コラム	ガンプラを作るための4色射出成形機 ····················· 78

Chapter 4　ダイカスト金型

- 4-1　ダイカストマシン……………………………………… 80
  ダイカストマシンの構造／コールドチャンバー式ダイカストマシン／ホットチャンバー式ダイカストマシン
- 4-2　ダイカスト金型の構造………………………………… 87
  ダイカスト金型の基本構造／湯口方案
- コラム　金型の補修………………………………………… 89
- 4-3　ダイカスト金型の仕組み……………………………… 90
  成形品の離型／アンダーカット処理／金型温度の制御
- 4-4　ダイカスト成型の自動化……………………………… 92
  自動給湯装置／自動スプレー装置／自動製品取出装置
- コラム　金型の保管………………………………………… 94
- 4-5　高品位な成形のための特殊ダイカスト法…………… 95
  成形品内部の空洞—「巣」／真空ダイカスト法／無孔法ダイカスト法／スクイーズキャスティング法／半溶融・半凝固ダイカスト法

Chapter 5　金型の設計

- 5-1　金型設計の流れ………………………………………… 102
  製品仕様の決定（発注側）／構想設計／各部の寸法や強度の検討／組立図の作成／部品図の作成
- 5-2　CADによる設計………………………………………… 104
  複雑・多様化する製品／CADとは／2次元CADの登場／3次元CADの台頭／CAD情報のやりとり
- コラム　3次元CADは設計のプラットホーム…………… 106
- 5-3　CAEによる検証………………………………………… 108
  CAEとは／CAEで扱うシミュレーション／CAEで使われる解析方法／有限要素法（FEM：Finite Element Method）／境界要素法（BEM：Boundary Element Method）／差分法（FDM：Finite Difference Method）／「定性的」な解を求める

5-4 積層造形法 …………………………………………… 114
ラピッドプロトタイピング／積層造形法の種類／アディティブマニュファクチャリングへ

5-5 コンカレント・エンジニアリング ………………………… 118
コンカレント・エンジニアリングとは／コンカレント・エンジニアリングの利点

コラム 医療分野での活躍が期待されるRP …………………… 119

コラム バーチャル・マニュファクチャリング ………………… 120

5-6 ソフトウェアツールを利用した射出成形金型の設計 …… 121
簡易的な充填解析／収縮を考慮した寸法・形状の修正／抜き勾配を付加する部分の自動抽出と設定／パーティングラインの検討と型割／アンダーカット部の自動抽出と修正／機構や部品の配置位置の検討／冷却水管の配置検討と成形シミュレーション／金型作製手順の検討／図面の出力

Chapter 6　金型の加工

6-1 金型に使われる鋼材 …………………………………… 132
一般構造用圧延鋼材（SS材）／機械構造用炭素鋼（S-C材）／炭素工具鋼鋼材（SK材）／合金工具鋼鋼材（SKS、SKD、SKT材）／高速度工具鋼鋼材（SKH材）／超硬合金

6-2 金型を加工する工作機械 ………………………………
工作機械とは／旋盤／ボール盤／フライス盤／研削盤

6-3 NC工作機械 …………………………………………… 141
NCとは／NCからCNCへ／マシニングセンタ／ターニングセンタ

6-4 放電加工 ………………………………………………… 144
放電加工とは／形彫り放電加工／ワイヤ放電加工／金型の製造で活躍する放電加工

6-5 CAMによる加工データの作成 ………………………… 148
CAMとは

6-6 仕上げと組立 …………………………………………… 150
仕上げ／みがき／組立作業／試し加工（トライアウト）／検査して出荷

Chapter 7　自動車に見る金型成形

7-1　車体—ボディ、エクステリア、インテリア……………… 154
ボディ／外装—1つの金型で3色に成形されるテールランプ／内装—成形が難しいインパネ

7-2　エンジン—高音・高圧・高荷重に耐える部品の数々……… 162
エンジン本体—ダイカスト、低圧鋳造、プレス加工／エンジンの運動部品—精度と強度の両立を図る

7-3　自動車に使われる鍛造部品…………………………… 167
パワートレイン／パワーステアリング

7-4　タイヤ—ゴムを成形する金型………………………… 171
生ゴムからゴムへ／タイヤ製造の流れ

Chapter 8　金型の「いま」と「これから」

8-1　日本の金型産業の現状………………………………… 174
景気に左右される金型産業

8-2　日本の金型産業の強み………………………………… 175
総合的な工業力に支えられている金型産業／日本が誇る高付加価値金型

8-3　日本の金型産業の弱み………………………………… 177
中小企業の比率が高い日本の金型産業／高い人件費、古い設備

コラム　大学における金型教育…………………………… 178

8-4　金型産業の展望………………………………………… 179
アジア諸国の急速な追い上げ

8-5　これからの日本の金型産業…………………………… 180
新たな取り組みが重要／日本の金型技術は世界一

参考文献………………………………………………………… 182
索引……………………………………………………………… 184

MEMO

Chapter 1

私たちの暮らしと金型

本書では金型の基本的な仕組みについて解説していきますが、その前にまず、私たちの生活の中に見られる金型について考えてみましょう。そもそも金型とは、いったい何なのでしょうか。製品を生産するために、なぜ金型が必要なのでしょうか。

1-1 金型とは

・金属 ・型 ・金型 ・素形材

「金型」とは、ひとことでいうと「金属」でできた「型」を意味します。はじめに、金型の意味と、型を使ったものづくりについて考えてみましょう。

「型」とは

「型」は、古代文明の時代から利用され、当初は紙、土、木材、硬いものは石材などで作られていました。当時は、何らかの形や模様をコピーするという意識で、日常的に型が使われていたようです。身の周りでも、クッキーの抜き型や、冷蔵庫で氷を作るときに使う製氷皿、今川焼用の焼き台など、身近に型を見ることができます。

身近に見られる「型」

▼クッキーの抜き型

▼製氷皿

▼今川焼用の銅製焼き台（写真提供：あずきや安堂）

「型」から「金型」へ

　しかし、ある程度硬い材料を使って、何千、何万という数の大量生産をすることになると、土や木などで作った型では、変形するなどしてすぐに使えなくなってしまいます。また、型の変形によって、成形される製品の形にばらつきがあっては困ります。

　そこで、型の材料に「金属」が使われるようになりました。これが「金型」です。特に金型は、力や熱に対する強靱な強さと、対磨耗のための硬さが要求されるので、その材料としては、鉄に炭素などの諸元素を添加したり、熱処理をしたりすることによって性質を著しく向上させた**鋼**（はがね）が多用されています。

「金型」に支えられた社会

　型が金属で作られるようになって、金属製品の大量生産が可能となり、ゴムやプラスチックなどの材料を使った製品の生産効率や精度も向上し、自動車や家電製品の普及に大きく貢献しました。

　みなさんの身の回りに、世界に1つだけというものがどれだけあるでしょうか。メーカーの工場で大量生産されたものばかりではないでしょうか。このような量産品のほとんどが金型を使って作られているのです。身の回りの工業製品で、金型と関係のないものはないといっても言い過ぎではありません。

金型は素形材産業の基盤

　金属をはじめ、木材、石材、ゴム、ガラス、プラスチックなどの素材に熱や力を加えて形を与えた部品や部材のことを**素形材**といいます。素形材産業は自動車、産業機械、電気・電子などの産業に多種多様な機械部品を供給しており、製造業において重要な役割を担っています。

　素形材製品は、銑鉄鋳物、可鍛鋳鉄、精密鋳造、ダイカスト、非鉄金属鋳物、鋳鍛鋼品、鍛工品、粉末冶金、金属プレス製品など多種多様ですが、ほとんどの成形で金型を使用します。金型は素形材を量産するために不可欠な基盤なのです。

1-2 金型を使った金属成形

・鋳造　・ダイカスト　・鍛造　・プレス加工

　私たちの身の回りは、金型によって作られたたくさんの製品であふれています。ここでは、金型を利用した代表的な成形法と製品を見ていきましょう。

鋳造

　鋳造は、鋳鉄・アルミニウム合金・銅・真鍮などの金属を、融点よりも高い温度で熱して液体にしたものを型に流し込み、冷やして固める成形方法です。鋳造に使用する型のことを**鋳型**（いがた）、鋳造でできた製品のことを**鋳物**（いもの）、液状になった金属のことを**湯**（ゆ）とよびます。

　古くから利用されている成形方法で、梵鐘＊（ぼんしょう）や仏像などは鋳造で成形されています。基本的に、ほかの手段では成形できないような複雑な形でも、型さえ用意できれば作ることができます。

　鋳造は、専用の砂に粘結剤や添加剤を配合して固めた**砂型**を型として利用するのが一般的です。しかし、砂型は成形品を取り出すときに壊してしまうので、製品１つごとに砂型が必要となります。そこで、繰り返し利用できる金型を鋳型にすることによって、鋳物の大量生産が可能になります。

●身近に見られる成形品
鉄瓶、茶がま、置物、マンホールの蓋
ポンプ用インペラ、各種ケース・カバー
高欄、街路灯、フェンス、門扉、ベンチ、
車止めなどに使われる景観鋳物

＊梵鐘　お寺の鐘のこと。

鋳造型を利用した成形

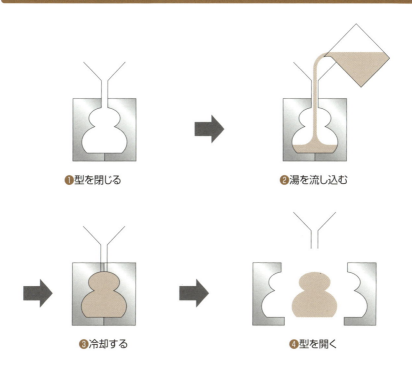

① 型を閉じる　② 湯を流し込む　③ 冷却する　④ 型を開く

資料提供：NTT データ エンジニアリングシステムズ

ダイカスト

　ダイカスト（Die Casting）とは、溶けた金属を金型に圧入することにより、高精度で良好な鋳肌の鋳物を、高速で大量生産する鋳造方法の一種です。また、一般にダイカストという言葉は、その鋳造方法を指すだけでなく、この方法によって成形された製品のことも指します。

●身近に見られる成形品
　自動車や家電製品の部品などのケースやカバー、釣具、ミニカー、超合金玩具

ダイカスト成形

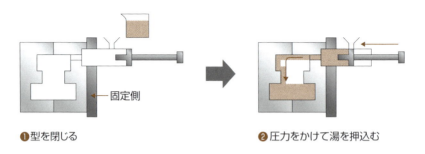

❶型を閉じる　　❷圧力をかけて湯を押込む

❸冷却後、型を開く

資料提供：NTT データ エンジニアリングシステムズ

鍛造

　鍛造とは、素材を金型で叩いて変形させる成形方法です。強度を必要とする自動車部品などに多用されます。素材を加熱し、やわらかくしてから叩く**熱間鍛造**と、室温のまま叩く**冷間鍛造**があります。冷間鍛造の方が高精度な成形が可能ですが、加工する材料の強度によっては金型を破損する恐れがあります。

●身近に見られる成形品
　主軸、歯車、コンロッド、クランク軸などの自動車や鉄道の部品
　かんな、のみ、スパナ、ペンチなどの工具
　包丁、フォーク、ナイフなどの台所用品
　ゴルフクラブ

鍛造型を利用した成形

❶素材を置く　❷叩く　❸さらに叩く　❹成形完了

資料提供：NTT データ エンジニアリングシステムズ

⚙ プレス加工

　プレス加工は、金型の間に金属板の素材を置き、てこ・ねじ・水圧などを用いて強圧で成形する加工方法です。いろいろな加工を短時間でできるので、量産品に最適です。プレス加工の目的は、大きく以下の３つに分類されます。

❶せん断加工
　外形や穴などの所定の形状に打ち抜いたり、切断したりします。
❷曲げ加工
　金属板を直角やV字型に曲げます。

❸絞り加工

金属板を徐々に伸ばし、継ぎ目のない立体的な形状に変形させます。

●身近に見られる成形品

台所のシンク、ガス台、レンジフード
鍋などの調理器具、スプーンやフォークなどの食器類
洗濯機のステンレス槽
飲料缶、缶詰容器
ロッカー、キャビネット、机、椅子
クリップ、ホチキス、パンチ、カッターなど金属でできた文具
硬貨

プレス加工による成形

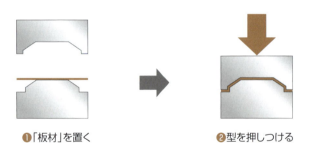

❶「板材」を置く　　❷型を押しつける

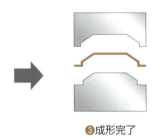

❸成形完了

資料提供：NTTデータ エンジニアリングシステムズ

| COLUMN | 貨幣の作り方

　2018（平成30）年6月の時点で、わが国の造幣局で製造されている貨幣は、500円ニッケル黄銅貨幣、100円白銅貨幣、50円白銅貨幣、10円青銅貨幣、5円黄銅貨幣、1円アルミニウム貨幣の6種類です。これらの通常貨幣のほか、ときには記念貨幣が製造されます。貨幣は、純正画一で偽造されないものを、合理的な価格で安定的かつ確実に供給されることが要求されます。

　まず、銅・亜鉛・ニッケルなどの材料を、電気炉で溶かして鋳塊を作ります。用意した鋳塊を均熱炉で加熱し、延びやすい高温の間に圧延し（熱間圧延）、さらに常温で圧延して貨幣の厚みの薄板にします（冷間圧延）。次に、仕上がった薄板を、プレス機で貨幣の形に打ち抜きます。この時点での貨幣を、造幣局では円形（えんぎょう）とよんでいます。続いて、貨幣の模様を出しやすくするために、回転しながら運ばれる円形をはさみ込んで、円形の周囲に縁をつけます（圧縁）。圧縁の後、円形に焼なましとよばれる熱処理を施し、展延性を向上させます。仕上がった円形を、極印とよばれる金型を取り付けた圧印機で、表・裏の模様を同時にプレスします（圧印）。圧印された貨幣は模様などを検査され、キズなどのある不合格品は除かれます。合格した貨幣は厳重に計数されたあと、袋詰めされて日本銀行に送られるのです。

▼日本の硬貨

1-3 金型を使ったプラスチック成形

•射出成形　•押出し成形　•ブロー成形　•真空成形　•圧縮成形

　私たちの身の回りには、たくさんのプラスチック製品があふれています。その形もさまざまで、素材として使うプラスチックの特徴や生産性などを考慮したさまざまな成形方法が実用化されています。

プラスチックの種類

　現在利用されているプラスチックは、大きく分けて2つに分類できます。一つは**熱可塑性プラスチック**、もう一つは**熱硬化性プラスチック**とよばれています。

　熱可塑性プラスチックは、熱を加えると軟化、さらには溶融します。やわらかくして変形させたあとで温度を下げると、固化します。このプラスチックの固化したものを加熱すると、再び軟化します。リサイクルしやすいため、汎用的な用途に幅広く利用されます。

　熱硬化性プラスチックは、加熱すると軟化はしますが、溶融はしません。変形させたあとさらに温度を上げると、化学反応によって硬化します。このプラスチックはいちど硬化すると、加熱しても軟化しません。そのため、耐熱性を要する部品の材料に採用されています。

射出成形

　射出成形は、プラスチック原料を加熱シリンダの中で加熱・混練して流動状態にし、閉じた金型の空洞部に加圧注入して金型内で冷却固化させることにより、金型の空洞部に相当する形を作る方法です。英語では**インジェクション・モールディング**(Injection Molding)とよばれています。そのため、射出成形用の金型のことを**インジェクション金型**とよぶこともあります。injectionとは、「注入」とか「注射」という意味です。主に、熱可塑性プラスチックが素材として使用されます。

成形時間が短いうえに、原料の投入から成形品の取り出しまでを自動化できるため、大量生産に最も適した成形方法の一つです。ただし、素材と金型の温度や射出速度などの成形条件が、素材の種類や金型形状によって左右されます。これらの条件を適切に設定するためには、十分な経験が必要です。

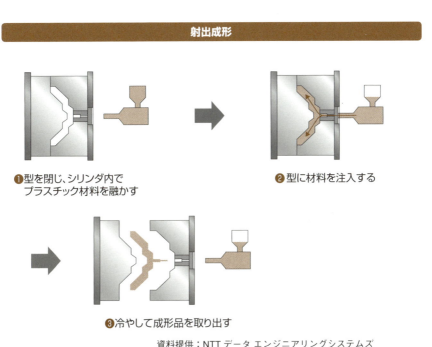

資料提供：NTT データ エンジニアリングシステムズ

押出し成形

押出し成形とは、射出成形と同じようにプラスチック原料を加熱シリンダ内で加熱して流動化させたあと、スクリュあるいはプランジャでノズル先端に送り込み、断面穴形状を持った金型（**ダイ**）を通過させて形を与え、これを水または空気で冷却固化させて、長尺品を作る成形方法です。ところてんを天突きで押出しているようなイメージでしょうか。

　ダイの形状を工夫することによって、さまざまな断面形状を持つ棒・パイプ状の成形品を、連続的かつ効率よく作ることができます。

1-3 金型を使ったプラスチック成形

　服などの繊維は、綿、麻、羊毛、絹などの天然繊維だけでなく、ナイロン、アクリル、ポリエステルなどの合成繊維も広く使われています。この合成繊維は、微細な穴が開いたノズルから樹脂を押出し、引き伸ばして作ります。このノズルを金型と考えることができます。わずか1mlの樹脂から、100kmもの長さの繊維ができます。

● **身近に見られる成形品**
　パイプ、雨樋、ホース、ストロー、ボールペン、合成繊維

押出し成形

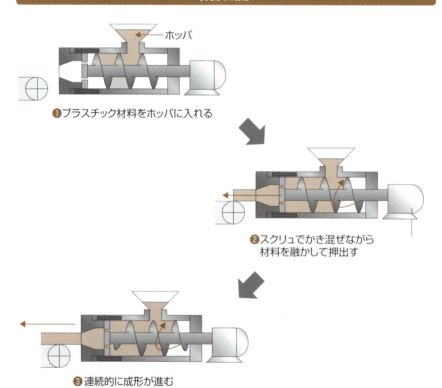

❶ プラスチック材料をホッパに入れる

❷ スクリュでかき混ぜながら材料を融かして押出す

❸ 連続的に成形が進む

資料提供：NTT データ エンジニアリングシステムズ

フィルムやシートの押出し成形

　セロハンなどのプラスチック製のシートやフィルムなどの薄膜も、押出し成形で作られます。溶融したプラスチックを、薄くて幅の広い口の開いたダイから押出して成形します。ダイの外形がアルファベットのTのようになるため、**Tダイ法**ともよばれます。

Tダイ法によるシートの成形

　家庭用のラップやスーパーなどで配られるビニール袋は、**インフレーション法**とよばれる成形法で作られています。ここでインフレーション（Inflation）というのは「膨らませる」という意味で、薄いパイプ状に押出されたプラスチックに空気を送り込み、太くて長い形に風船のように膨らませながらチューブ状のフィルムを成形します。このフィルムを所定の長さで切断し、端部をヒートシールすることによって、袋状の製品を簡単に作ることができます。

インフレーション法による袋の成形

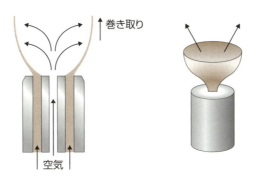

1-3 金型を使ったプラスチック成形

> **COLUMN** アルミサッシ用の中空材
>
> 金属製品も、押出し成形で製造されています。中でも、建材に使われているアルミサッシは、中空で複雑な断面形状を持つなど、成形が難しい製品の代表例です。
>
> **アルミサッシの断面**
>
>
>
> 提供：三協立山アルミ

ブロー成形

ブロー成形は、袋形状の製品を成形する方法です。まず、溶融された**パリソン**とよばれる管状のプラスチック材料の一端を金型で挟み込みます。続いて、パリソンの口の部分から高圧空気を入れて膨らませ、金型に密着させて冷却したあと、金型を開いて成形品を取り出します。ガラス瓶も同じような方法で製造されています。

金型を使ったプラスチック成形 1-3

●身近に見られる成形品
ペットボトル、シャンプーやマヨネーズの容器、ポリバケツ、ポリタンク

ブロー成形

❶チューブ状のプラスチック材料（パリソン）を型に入れる

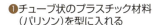

❷空気を吹き込んで型に材料を押しつける

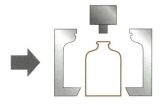

❸型を開いて成形品を取り出す

資料提供：NTT データ エンジニアリングシステムズ

真空成形

真空成形は、シート状の成形材料を加熱して軟化させて金型にセットし、金型にあけた排気用穴から内部の空気を吸い出して真空状態にして、成形材料を型に密着させて成形します。冷却後、空気を金型に送り込んで成形品を取り出します。

成形圧力が大気圧以下と低いことから、型として、石膏、木材、熱硬化性プラスチックなど、金属以外の加工しやすい材料を用いることができます。比較的安価な

設備で、大型の成形品まで生産できますが、複雑な形状の成形には、あまり利用されません。

●**身近に見られる成形品**
卵パック、惣菜を入れる容器、発泡トレイ、ブリスター、シェルパッケージ
旅行鞄の内張り、冷蔵庫のインナーライナー、おめん

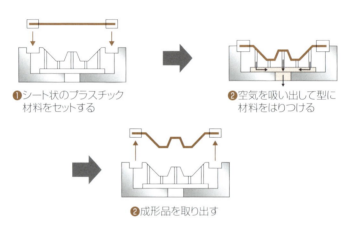

真空成形

❶シート状のプラスチック材料をセットする
❷空気を吸い出して型に材料をはりつける
❸成形品を取り出す

資料提供：NTT データ エンジニアリングシステムズ

圧縮成形

　圧縮成形は、熱硬化性プラスチックの成形に使用されます。まず、熱硬化性プラスチックの成形材料を適量金型内に入れ、押し型を閉じてから金型を加熱・加圧すると、材料が軟化・溶融します。流動化した材料に、さらに熱と圧力を加えて完全に硬化させたあと、型を開いて成形品を取り出します。

　射出成形の場合、金型の中を溶融した樹脂が流れるときに、金型の表面では樹脂温度が急激に低下して固まりはじめ、反対に金型表面から遠い中心部は流動速度がどんどん速くなります。このときの流動速度の差が、樹脂の分子の並び方の偏りや、残留応力*を生じさせ、成形品のひずみを引き起こします。

圧縮成形の場合、金型内にあらかじめ成形材料を置いて、成形品の一部あるいは全面を加圧、圧縮して形を与えるため、射出成形のような材料の移動がなく、成形品のひずみを小さくできます。結果、変形の少ない緻密な成形を行うことができます。射出成形用の金型と比べて構造も単純で、設備費用もあまりかかりません。

　しかしながら、金型を完全に閉じずに加熱したり圧力をかけすぎたりすると、材料が金型から漏れます。また、成形材料を入れすぎると、あふれます。はみ出した部分は、固まると**バリ**になってしまい、後処理が大変です。このようなバリが生じやすいことが、圧縮成形法の欠点の一つです。

●身近に見られる成形品
鍋のつまみや取っ手、バスタブ

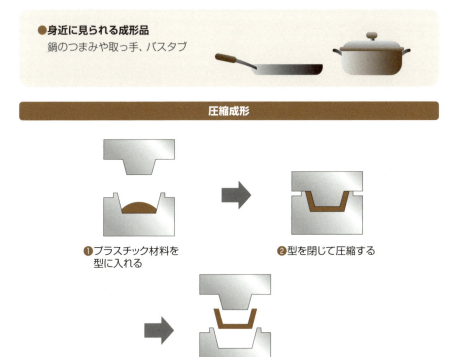

圧縮成形

❶ プラスチック材料を型に入れる
❷ 型を閉じて圧縮する
❸ 型を開いて成形完了

資料提供：NTT データ エンジニアリングシステムズ

＊**残留応力**　物体内部に残留する応力のこと。「内部応力」ともいう。物体の見かけの降伏やひずみの原因になる。

1-4 スマートフォンの生産にも欠かせない金型

・スマートフォン ・リードフレーム ・液晶 ・導光板 ・バッテリー

　今では小学生でも持っているスマートフォン。これらを構成する部品のほとんどが、金型を利用して作られています。

 リードフレーム

　スマートフォンのケースやボタン類はプラスチックでできているものが多いですが、これらはすべて射出成形で作られます。

　また、スマートフォンにはたくさんの半導体ICチップが使われています。このICチップの内部配線として使われている薄板の金属部品を**リードフレーム**といいます。リードフレームは、1枚の薄い金属の板から精密なプレス金型による打抜きで成形されています。

　従来はこのような2次元的な微細パターンは、**エッチング**という方法で成形されてきました。エッチング（Etching）は、使用する素材の必要部分にのみ防食処理を施し、腐食剤によって不要部分を除去することで目的の形状を成形する加工方法です。

　現在でも、プレス加工では成形できない微細なパターンはエッチングで成形されていますが、プレス加工の微細化が進み、その適用範囲が広がりつつあります。

リードフレーム

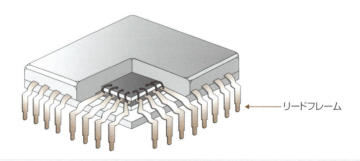

← リードフレーム

液晶ディスプレイの導光板

スマートフォンの液晶ディスプレイにも、金型で生産される部品があります。

液晶は自己発光しないため、背面に配置されたバックライトを光源としています。このバックライトの重要な部品の一つである**導光板**の表面には、光を反射・拡散させるための特殊な微細パターンが加工されています。側面のLED光源からの光を均一に液晶パネルに導いて発光させます。

エッジライト型バックライトの原理

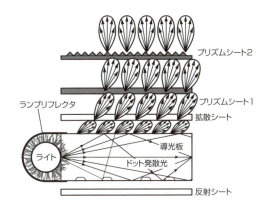

▼微細パターンの例

導光板はアクリルなどの透明なプラスチックで作られていて、精密な金型を用いた射出成形で製造されています。最近では、プラスチック材料を表面に吐出して凹凸を印刷するインクジェット方式や、プラスチックに金型を押し付けて凹凸を転写するインプリント方式の開発が進んできています。

1-4 スマートフォンの生産にも欠かせない金型

液晶バックライトの導光板

▼スマートフォン、PDA 用、ノートパソコン用などさまざまな導光板

2 インチ携帯用　　3.5 インチ PDA 用　　14 インチノート PC 用　　18 インチモニター用

▼導光板を成形する金型

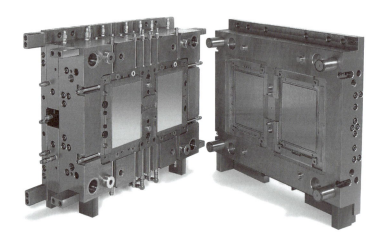

写真提供：不二精機

バッテリーのケース

　スマートフォンが駆動するための電源として、現在最も使用されているのがリチウムイオン二次電池です。この電池のケースはステンレスで作られていますが、これは1枚のステンレスの板から深絞りプレス加工によって成形されています。とても高度な成形技術ですが、これにも金型が利用されています。

1-5 どの金型が多く作られているのか

•1位プレス型　•2位プラスチック型

これまで見てきたように、実にさまざまな製品が金型を利用して製造されています。それでは、一番使われているのはどの金型なのでしょうか。

1位プレス型、2位プラスチック型

金型の用途としては、自動車ボディや電気・電子部品を成形するための金属プレス用の金型や、電気・電子機器のボディなどのプラスチック成形用の金型が最も多くなっています。

生産額で見てみると、1位はプレス型、2位はプラスチック型となっていて、この2種類で全体の7割近くを占めます。3位は上位にだいぶ離されて鋳造・ダイカスト型となっていますが、最近その割合が増える傾向にあります。

型別の金型生産額（工業統計）（平成26年）

（単位:100万円）

- その他金型同部分品・付属品　16.3%（208,377）
- ゴム型・ガラス型　3.4%（42,942）
- プラスチック型　31.5%（401,828）
- プレス型　37.1%（474,327）
- 鍛造型　3.8%（48,765）
- 鋳造型ダイカスト型　7.9%（101,268）

合計 1,277,507

1-5 どの金型が多く作られているのか

　次の章からは、生産額の多い代表的な金型の中から、プラスチック型である射出成形型、プレス型、ダイカスト型の3つについて、その仕組みと成形方法を見ていきましょう。

Chapter 2

射出成形金型

射出成形は、プラスチックの製品を大量に作るときに採用される、最も一般的な成形手段です。射出成形のための機械や金型は、どのようになっているのでしょうか。

2-1 射出成形機

・射出成形機 ・射出装置 ・型締装置 ・押出装置

　射出成形はもちろん、金型の開閉や型締機構など、機能を備えた一連の動作を行う機械が射出成形機です。ここでは、射出成形機の構造と動きについて説明します。

射出成形機の種類

　いろいろな**射出成形機**がありますが、大きくは**標準型射出成形機**と**専用化射出成形機**に分類されます。専用化射出成形機は、特殊な形状や材料を扱うといった特化した目的に適した動作や機能を持つ成形機です。射出成形の大半は標準型射出成形機（汎用機）によって行われています。以後は汎用機を中心に見ていきましょう。

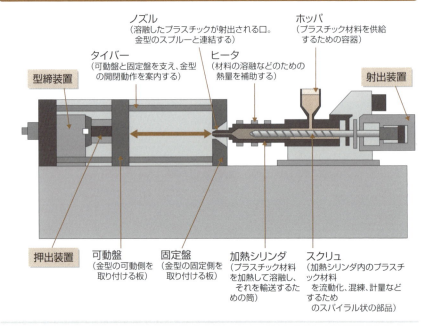

射出成形機の構造

射出成形機 2-1

射出成形機の構造

射出成形機は、**射出装置**、**型締装置**、**押出装置**などで構成されています。

射出装置は、プラスチック材料を溶融させて、金型の中に高温・高圧で射出する装置です。

型締装置は、取り付けた金型を開閉させたり、射出による圧力で金型が開かないように大きな力で締め付けたりする装置です。動力は油圧式が主流でしたが、現在ではACサーボモータ駆動のものが増加してきています。このような加圧機構の電動化は、精度の向上、省エネルギー化、騒音の低減などの利点があります。

押出装置は、成形品を押出して取り出すための装置です。金型のエジェクタプレートを作動させます。

COLUMN 軽くて静かなプラスチック歯車

モノを動かす機構として、歯車、ギヤ、軸受などの部品は不可欠なものです。これらの部品もプラスチック製のものが多用されています。もちろん、高負荷・高速回転を要求される機構では、耐久性などの問題から金属部品を使わなければなりませんが、軽負荷・低速回転の機構であればプラスチック部品を使用しても問題ありません。家電製品や情報機器などについては、油をさすなどのメンテナンスが難しいことから、油がなくても磨耗せずに滑りやすいプラスチック製の部品が多用されるのです。

また、金属部品では振動や騒音が問題となりますが、振動を吸収しやすいプラスチック部品を用いることによってこれらの問題を軽減することができます。なによりも、金属よりも軽いということは装置全体としての性能を向上させるとても大きな利点です。これらのプラスチック部品も、金型を使って射出成形で量産されています。

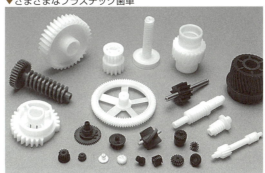

▼さまざまなプラスチック歯車

提供：チバダイス

2-2 射出成形金型に関する用語

- キャビティ ・パーティングライン ・スプルー ・ランナー ・ゲート ・ランナー処理

　射出成形金型の詳しい説明を始める前に、関係する専門用語について整理してみましょう。

キャビティとパーティングライン

　次の図に示すように、金型を組んだときに成形品の形状となる金型内部の空間のことを**キャビティ**といいます。

　また、金型の固定側型板と可動側型板の分割線のことを**パーティングライン**といいます。英語のParting Lineから、**PL**と略されます。バリなどが生じないように平面や緩やかな曲面を選択するなど、設定には工夫が必要です。

キャビティとパーティングライン

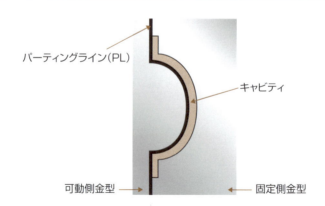

スプルー、ランナー、ゲート

　スプルーは、射出成形機のノズルから射出された溶融プラスチックを金型内に注入する入り口です。プラスチックが固化して型を開いたときに除去しやすいように、

テーパ形状になっています。

　ランナーは、溶融プラスチックをスプルーからキャビティの部分にまで導くための流路です。

　ゲートは、溶融プラスチックがランナーからキャビティの部分へ入る入口です。

スプルー、ランナー、ゲートの関係

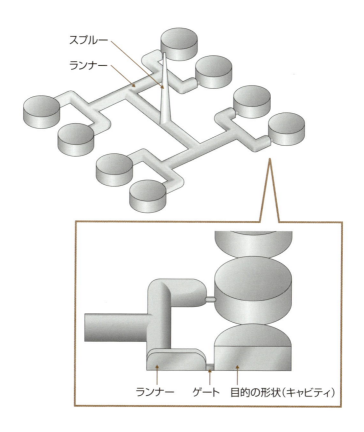

　成形が終了したあと、スプルー、ランナー、ゲートの部分に残ったプラスチックは不要なものなので、捨てなければなりません。この後処理を**ランナー処理**といいます。ランナー処理といっても当然、スプルーやゲートの処理も含んでいます。このランナー処理の扱いが、生産の自動化を大きく左右します。

2-3 射出成形金型の構造

・ツープレート金型　・スリープレート金型　・ホットランナー金型　・ランナレス金型

射出成形金型には、いくつかの種類があり、それぞれに特徴があります。代表的な構造について見ていきましょう。

ツープレート（2枚構成）金型

ツープレート（2枚構成）金型とは、パーティングラインが1か所あり、固定側と可動側の2つに分かれる型です。簡単で部品点数が少ないため、最も製作費がかからない構造です。通常、ランナーやゲートを取り除く処理が必要となるため、自動化や省力化にはあまり向いていません。

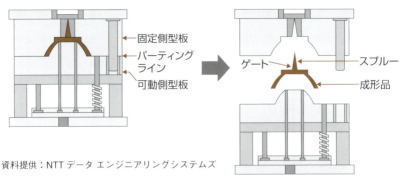

ツープレート金型の構造

資料提供：NTT データ エンジニアリングシステムズ

スリープレート（3枚構成）金型

スリープレート（3枚構成）金型とは、パーティングラインがランナーの取り出しと成形品の取り出しの2か所にあり、固定側と可動側とランナーストリッパプレートの3つに分かれる型です。

自動的に成形品とランナーを分けて取り出すことができるため自動化に向いており、多量生産に多用されています。構造はツープレート金型よりも複雑になり、当然、価格も高くなります。

スリープレート金型の構造

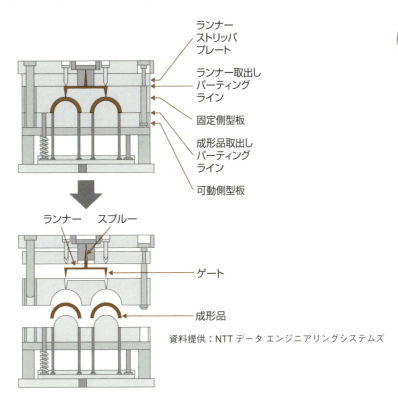

資料提供：NTTデータ エンジニアリングシステムズ

ホットランナー金型

ホットランナー金型は、スプルーやランナーのブロックが、常にヒータで加熱されている金型です。ランナー部が固化しないためランナー処理の必要がありません。そのため**ランナレス金型**ともよばれます。

ランナーの排出がないためプラスチック材料の歩留まりがよく、自動化にも非常に向いています。多量生産という面では多くのメリットがあります。

2-3 射出成形金型の構造

　ヒータ付きのホットランナーが内部に組み込まれるなど金型の構造は複雑になり、部品点数も多く、とても高価な金型となります。

ホットランナー金型の構造

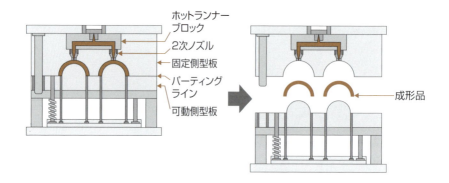

資料提供：NTT データ エンジニアリングシステムズ

COLUMN　光ディスクやスマートフォンに用いられるプラスチックレンズ

　CDやDVD、Blu-rayなどの光ディスクのドライブは、ディスクをスピンドルモータで回転させ、光学式のピックアップ装置でディスクに記録されたデータを読み取っています。このピックアップ装置に使われているレンズのほとんどはプラスチックでできています。

　ピックアップレンズに限らず、最近のレンズはプラスチック製のものが多くなってきました。これは、割れにくいことや軽量であることなどの機能的な利点だけでなく、生産性が非常に良いためです。いまではスマートフォンなどにも内蔵されている小型のデジタルカメラにも多用されています。

▲プラスチックレンズ（提供：コニカミノルタオプト）

COLUMN　ガラスの型で作られるレンズ

プラスチックレンズの中でも眼鏡などに使われる、屈曲率などの光学的特性に優れた高価なものは、**注型重合法**という方法で製造されます。ここで用いられるのは金属の型ではなく、ガラス製の型です。

まず、ガラス製の母型の中に熱硬化性プラスチックのモノマーと触媒を注入します。次に、40℃付近から100℃までの間で温度を精密にコントロールしながら半日から1日かけて重合硬化させて成形します。その後、レンズ内部がどこでも同じ性質となるように**アニール**（焼なまし）を施します。さらに、耐摩耗性付与のためのコーティング、反射防止処理、染色などの工程を経て最終的なレンズとなります。

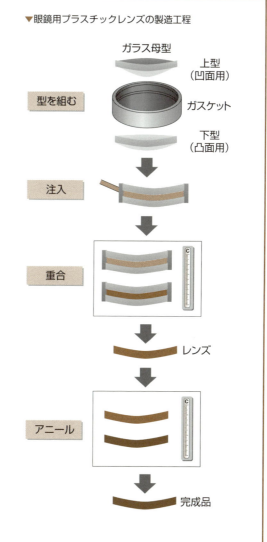

▼眼鏡用プラスチックレンズの製造工程

2-4 射出成形金型の仕組み

・離型 ・抜き勾配 ・冷却水管 ・アンダーカット処理

　射出成形金型は、複雑な製品形状に対してもさまざまな機構で対応しています。ここでは、射出成形金型の仕組みについて説明します。

成形品の離型

　成形品を金型から取り出すために、可動側の金型の底にある**エジェクタプレート**が射出成形機の押出装置によって押され、エジェクタプレートに取り付けられた**エジェクタピン**が成形品を裏から押出します。

　取り出すときに成形品が変形しないように、成形品に対してエジェクタピンをバランスよく配置する必要があります。

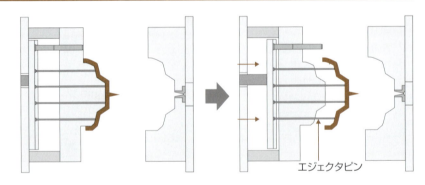

金型の押出機構

エジェクタピン

抜き勾配

　溶融したプラスチックは成形後に収縮します。このため、凹形状側の型では内側に縮むので離型しやすくなりますが、凸形状側の型では抱きつきが強くなるので離型しにくくなります。エジェクタピンで押出すときに成形品が割れたり、**かじり**などの不良が生じたりする恐れもあります。そこで、金型から成形品を取り出しやすく

するために、**抜き勾配**と呼ばれる1～2°程度の勾配をつけます。

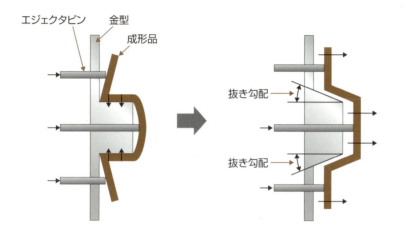

抜き勾配

金型温度の調整

　良好な成形を行うためには、金型の温度コントロールが重要です。金型の温度が低すぎると溶融プラスチックが硬くなって金型の中をスムーズに流動せず、キャビティに十分に充填されなくなります。反対に金型の温度が高すぎると、溶融プラスチックが冷えて固化するまでの時間が長くなり、生産効率が悪化します。

　金型の温度調整は、金型内に水管をあけ（次ページの上の図）、そこに冷水や温水を流すことによって行います。

アンダーカット処理

　アンダーカットとは、成形品を金型から取り出すとき、金型の開閉方向に押出すだけでは離型できない凸凹形状のことをいいます（次ページの下の図）。そのアンダーカットにあたる金型の部分を金型の開閉動作と連動してスライドさせる処理が**アンダーカット処理**です。アンダーカットが成形品の外側にあるか内側にあるかで処理の方法が異なります。

金型内部に設けられた冷却水管

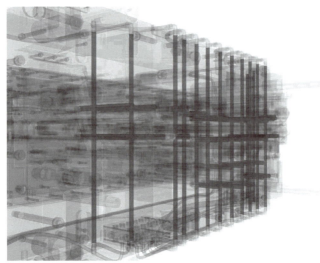

提供：クライムエヌシーデー

アンダーカットの例

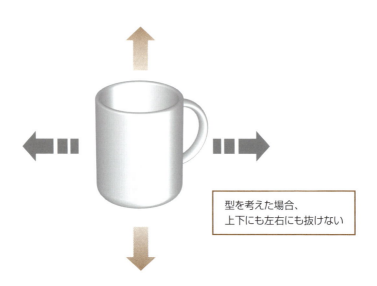

型を考えた場合、
上下にも左右にも抜けない

外側のアンダーカット部の処理（外側スライドコア方式）

　アンダーカットを処理するために移動する部品を**スライドコア**といいます。スライドコアをスライドさせる傾斜したピンを**アンギュラピン**といいます。

　型を閉じるときは、**ロッキングブロック**でスライドコアが後退するのを防ぎます。型を開くときは、**コアストップブロック**でスライドコアの動きを制限しています。**コア戻し用スプリング**は、型が開いた状態のときにスライドコアがずれないように拘束するための部品です。

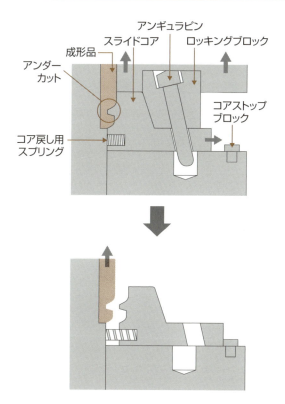

外側スライドコア方式

資料提供：NTT データ エンジニアリングシステムズ

内側のアンダーカット部の処理（傾斜スライド方式）

成形品の内側に小さな出っぱりや凹のある場合の処理方法として、外側のアンダーカットの場合と同様に、スライドコアを利用した処理があります。

内側スライドコア方式

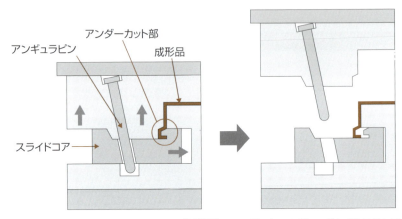

資料提供：NTT データ エンジニアリングシステムズ

傾斜スライドとよばれる方法も使われます。エジェクタプレートに取り付けた**スライドユニット**と金型内部の傾斜スライドを、**スライドロッド**で連結しています。型を開いたあと、エジェクタプレートが前進するに従って傾斜スライドが成形品を押出しながら成形品の内側にスライドして、アンダーカットを外します。

傾斜スライド方式

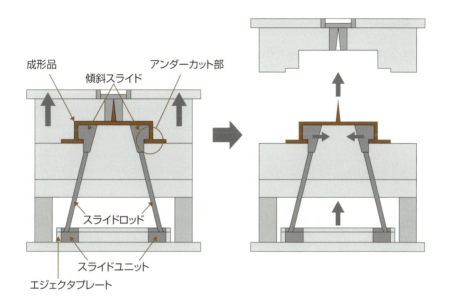
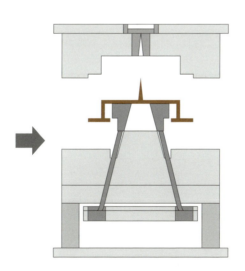

資料提供：NTT データ エンジニアリングシステムズ

2-5 射出成形の不良と対策

●ヒケ　●ソリ　●ショートショット　●バリ　●ウェルドライン　●フローマーク　●ジェッティング

　射出成形は、プラスチック材料や金型の温度、射出時の速度や圧力などの条件の設定が適切でないと、思わぬ不良に悩まされます。ここでは、射出成形で生じる不良の原因と対策について説明します。

表面がへこむ―ヒケ

　ヒケとは、成形品の表面にへこみができる不良です。この不良は、店に並んでいるプラスチック製品にもよく見られます。原因は、射出後の溶融プラスチックが固化するときに生じるムラです。例えば、次の図のように裏面にリブなどの構造がある場合は、その表面にヒケが生じやすいのですが、これはリブのある箇所の肉厚があるため固化が遅くなって、ほかの箇所より収縮が進むためです。

　対策としては、射出圧力を上げ、溶融プラスチックと金型の温度を下げます。必要最小限の溶融温度と十分な圧力で手早く成形することが大事です。また、ヒケが起こる箇所にゲートを配置して材料を供給するのも効果的です。

ヒケ

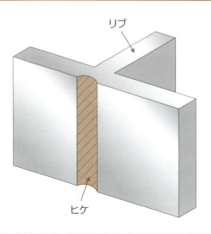

成形品が曲がる—ソリ

　ソリとは、成形品を離型した後で成形品がそったり、ねじれたりしてしまう現象です。

　溶融プラスチック材料は流動しながら固化しますが、冷却される金型に接触している材料が最初に冷却されて流動速度が低下していきます。そのため、金型から遠い中心部との流動速度に大きな差が生じます。この速度差によってプラスチックの分子の並び方にひずみが生じ、成形品の内部に残留応力として残ってしまいます。この残留応力が、成形品が離型されて拘束がなくなったときに成形品を変形させるのです。成形品の肉厚差によっても、収縮量の偏りが生じるため、ソリが生じることがあります。

ソリの発注と対策

▼肉厚差によるソリの発生　　　　▼肉抜きによって過度な肉厚を回避

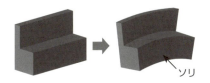

　対策としては、材料の流れに差が生じないように、射出速度を下げ、冷却時間を長くします。キャビティ面を磨くなどして流動抵抗を減らすことも必要です。成形品の形状や肉厚が必然的なものなのか再検討するなど、本質的な改善も重要です。

成形品が欠ける—ショートショット

　溶融プラスチックが金型キャビティのすみずみまで行きわたらず、キャビティを完全に充填しきれない現象が**ショートショット**です。次の図のように、成形品の一部がかけたような状態になります。

原因としては、射出するプラスチック材料自体が不足しているときもありますが、射出の速度や圧力の設定が主要因となります。

射出速度が速すぎると、キャビティ内の空気が抜けきらないうちにプラスチックが固化してしまいます。反対に射出速度が遅すぎると、キャビティのすみずみまで充填される前にプラスチックが固化してしまいます．

対策としては、空気を確実に抜いて材料が十分に充填されるように射出圧力を高くします。必要があれば、ガス抜きやエア抜きを追加したり、ゲートの位置を変更するなど、金型を工夫します。

ショートショット

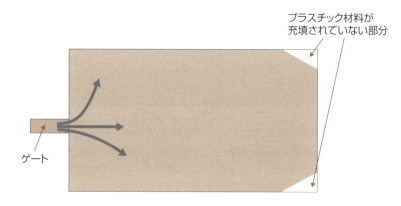

後処理が大変—バリ

バリとは、金型のパーティングラインやエジェクタピンの取付部の隙間に溶融プラスチックがにじみ出て、次の図のように成形品にはみ出したような部分が付着する現象です。

原因としては、まず単純にバリが生じているパーティングラインやエジェクタピン穴の精度が十分でなく隙間ができていることがあげられます。この場合、やすりで削るなどして調整することがあります。

また、成形機に取り付ける前には問題がなくても、成形機に取り付けて型締めしたときや、プラスチック材料を充填したときに隙間が生じることがあります。最も単純な事例は、射出圧力が高すぎたり、型締め力が弱かったりして材料がはみ出すときです。この場合は、単純に強く型締めすればよいということになりますが、逆に強く締めすぎると金型にかかる圧力に偏りが生じ、金型が変形して隙間ができることもあります。型締め力が均一にかかるように、金型を工夫する必要があります。

　また、成形品の肉厚に偏りがあると厚肉部と薄肉部で射出圧力の差が生じ、型が開いて隙間から材料がはみ出すことがあります。成形品を検討する段階で極端な偏肉を避けることも重要です。

バリ

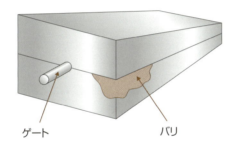

ゲート　　バリ

割れ？―ウェルドライン

　ウェルドラインとは、金型キャビティ内を流動する溶融プラスチックの流れが合流する部分に細い線が生じる現象です。外観的な問題だけではなく、その線に沿って割れやすくなるなど強度的な欠陥にもなります。

　原因としては、金型の温度が低すぎて溶融プラスチックが完全に溶け合わないことがあげられます。そのため、プラスチックが冷えてしまうゲートから遠いところに多く見られる欠陥です。

　対策としては、金型や材料の温度を上げて射出速度を速くし、材料の温度が高いうちにすみやかに成形するようにします。また、ゲートを増やしたり位置を変えたりして、溶融プラスチックの流れを変えるようにします。

ウェルドライン

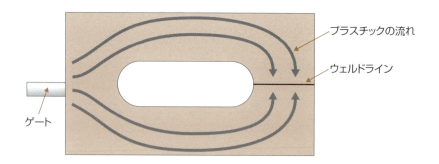

表面に現れる縞模様—フローマーク

　フローマークは、ゲートを中心にした縞模様が成形品の表面に現れる現象です。これは、スプルーやランナーで冷やされたプラスチック材料がキャビティ内でさらに冷やされて充填された結果、金属面に接した樹脂が半ば固まった状態で圧入されるので、成形品の表面に材料が流れる方向と直角に縞模様が形成されるのです。

　対策としては、樹脂温度と金型温度を上げると同時に、射出速度を速く、射出圧力と保持圧力を高く設定して、材料が固くなる前にすみやかに成形が完了するようにします。

フローマーク

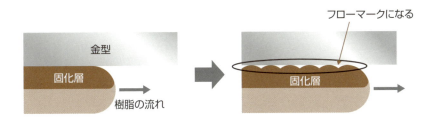

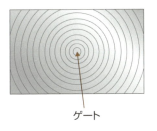

ジェッティング

　ジェッティングは、金型のキャビティ内に溶融プラスチックが注入される際にゲートから勢いよく飛び出してしまう現象のことです。このとき、流入した溶融プラスチックが線状のまま固化し、後から流入する溶融プラスチックと溶け合わないと、成形品の表面に針金を折り曲げたような外観不良が生じます。

　プラスチックの温度が低いと粘度が高くなり、ゲートから射出されて冷却されるとさらに高粘度となって流動抵抗が大きくなるため、ジェッティングが発生しやすくなります。また、ゲートの断面積が小さいと射出のときの流速が速くなるため、やはりジェッティングが発生しやすくなります。

　対策としては、溶融プラスチックの温度と金型温度を高くしたり射出速度を調整したりして、先に流入したプラスチックと後に流入したプラスチックが十分溶け合うようにします。さらに、ゲートの位置を検討して、溶融樹脂が線状にならずキャビティ内の壁面にぶつかるようにします。

ジェッティング

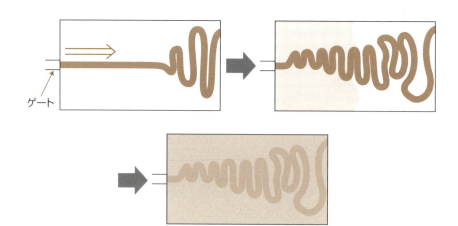

難しい成形条件の設定

これまでに見てきたように、成形不良が生じないように射出成形を行うには、射出速度や射出圧力などの**射出条件**や、溶融プラスチック材料や金型の**温度条件**を適切に設定する必要があります。しかし、ある不良の対策として行った条件の変更によって、別の問題が生じることも考えられます。例えば、解説した成形不良の多くは溶融プラスチック材料や金型の温度を上げることによって解決できるとしましたが、プラスチックの粘度が低いと逆にバリなどは生じやすくなります。また、一般的に金型温度が高いと冷却時間がかかって成形サイクルが長くなるので、生産効率を考えると金型温度は支障がない限り低いほうが望ましいのです。

どのような不良も生じることなく効率的な生産ができるバランスのよい成形条件を設定することは非常に難しく、長い間仕事に従事して蓄積した経験が必要とされます。

COLUMN 製品の表面にある微細な模様—シボ

　みなさんは、身の回りのプラスチック製品の表面に、微細な模様が付けられていることをご存知でしょうか。自動車の内装に使われているプラスチック部品の表面にも、このような模様が付けられています。このような模様を**シボ**とよびます。

　皮をなめすときにもんだり絞ったりする作業を「シボ付け」といい、このときに付く模様を「シボ」とよんでいました。そのうち、皮革模様だけでなく、木目・岩目・砂目・なし地・幾何学模様など、製品の表面に施される凹凸模様のことをすべて「シボ」とよぶようになったのです。

　シボの付いていない表面は、当然ツルツルしています。みなさんはツルツルの表面のプラスチック製品を使うことを考えたとき、どのような印象を持ちますか？　個人差はあると思いますが、「傷が付きやすそう」とか「滑りやすそう」というような、マイナスのイメージを持つことが多いのではないでしょうか。普段、このようなことをあまり意識しないのは、ほとんどのプラスチック製品の表面にシボが加工されているからです。シボを施すことにより、傷は付きにくく、付いても目立たなくなります。また、シボの凸凹がそのまま抵抗となり、滑りにくくなります。

　シボ加工は、金属の表面に模様を付ける金属微細加工です。いくつかの加工方法がありますが、**エッチング**(Etching)による加工が最も一般的です。エッチングは、使用する素材の必要部分にのみ防食処理を施し、腐食剤によって不要部分を除去することで目的の形状を成形する加工方法です。より実際のものに近い、本物らしく立体感のあるシボを再現するためには、模様付けと腐食を繰り返す必要があります。射出成形用の金型の表面にシボ加工を施しておけば、それを用いて成形されるプラスチック製品の表面にシボ模様が転写されるのです。

▼皮シボ(複合シボ) 1 回以上の加工工程が必要

資料提供：株式会社ワールドエッチング

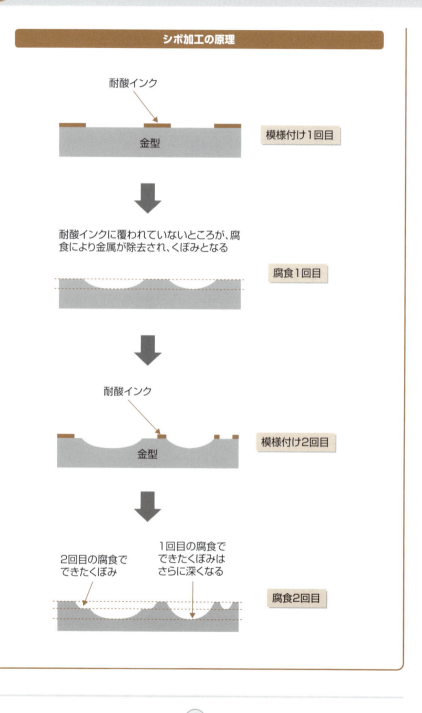

Chapter **3**

プレス金型

「型」の形状を材料に一瞬で転写するプレス加工は、金属部品の大量生産のためには、なくてはならない成形方法です。プレス加工に使われる機械や金型は、どのようになっているのでしょうか。

3-1 プレス機械の構造

・上型 ・下型 ・スライド ・ボルスタ ・サーボプレス

　射出成形と同様に、プレス加工の場合も専用の機械が使われます。ここでは、プレス機械の構造と動きについて説明します。

スライドの上下運動を支える

　プレス加工に使われる金型は、**上型**と**下型**に分かれます。

プレス機械の構造（クランク機構タイプ）

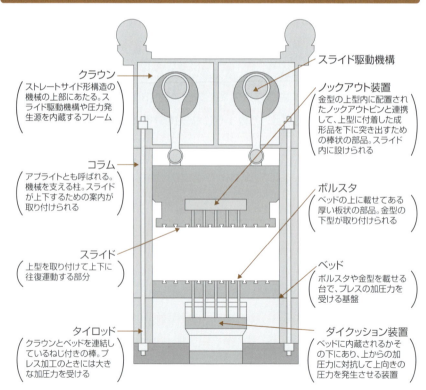

クラウン
ストレートサイド形構造の機械の上部にあたる。スライド駆動機構や圧力発生源を内蔵するフレーム

スライド駆動機構

ノックアウト装置
金型の上型内に配置されたノックアウトピンと連携して、上型に付着した成形品を下に突き出すための棒状の部品。スライド内に設けられる

コラム
アプライトとも呼ばれる。機械を支える柱。スライドが上下するための案内が取り付けられる

ボルスタ
ベッドの上に載せてある厚い板状の部品。金型の下型が取り付けられる

スライド
上型を取り付けて上下に往復運動する部分

ベッド
ボルスタや金型を載せる台で、プレスの加圧力を受ける基盤

タイロッド
クラウンとベッドを連結しているねじ付きの棒。プレス加工のときには大きな加圧力を受ける

ダイクッション装置
ベッドに内蔵されるかその下にあり、上からの加圧力に対抗して上向きの圧力を発生させる装置

プレス機械の構造 3-1

　上型はプレス機械の**スライド**とよばれる部品に、下型は**ボルスタ**とよばれる部品にそれぞれ取り付けられます。スライドは上下に動き、最も下の「下死点」の位置で上型と下型が組み合い、事前に下型の上に置かれた薄鋼板に圧力が加えられ、成形されます。

　プレス機械は、スライドを上下させる**スライド駆動機構**と、スライドの運動によって生じる力を受け支える機械本体で構成されます。

サーボ化が進むプレス機械

　スライドを動作させるための機構としては、クランク、ナックル、リンク、スクリュなどいろいろな方法があり、それぞれ運動の特性が異なります。従来は図のようなクランク機構やリンク機構が主流でしたが、最近では射出成形機と同じように高精度化や省エネルギー化を狙い、ACサーボモータを使ってスライドの位置や速度を制御するものが増えてきました。

サーボプレス機械の内部構造

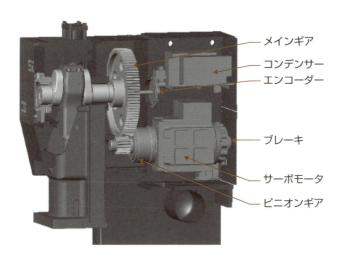

- メインギア
- コンデンサー
- エンコーダー
- ブレーキ
- サーボモータ
- ピニオンギア

提供：アマダ

プレス機械の種類

・C形　・ストレートサイド形　・ブリッジ形

　プレス機械にもさまざまな種類や大きさがあり、目的の成形品の大きさなどによって使い分けられています。ここでは、代表的なプレス機械の種類について簡単に説明します。

フレーム構造によるプレス機械の分類

　プレス加工機は、その骨組みともいえるフレームの構造で2つに大別されます。
　一つは**C形フレーム構造**です。機械を横から見たときの形がアルファベットの「C」の形に似ていたため、このようによばれるようになりました。実際にプレス加工が行われる空間に機械の前や横から手を入れられるなど、作業がしやすい構造です。しかし、プレスしたときの負荷でCの文字が上下に開くような変形が生じやすい、すなわち、上下の金型の平行度が狂いやすいという欠点があります。そのため、負荷が大きな大型のプレス機械ではなく、小型のプレス機械に多く採用されている構造です。

C形フレーム構造のプレス機械

提供：アマダ

プレス機械の種類 3-2

　もう一つは**ストレートサイド形フレーム構造**です。4本のコラムで支える構造で、**門形フレーム**ともよばれます。金型の取り付けなどの作業のときは四隅のコラムが邪魔になるため、作業のしやすさという点ではC形フレーム構造の方が優りますが、フレーム形状が対象であるため、C形フレーム構造のような変形が生じにくい利点があります。ほとんどの中型・大型プレス機械は、この構造を採用しています。

ストレートサイド形フレーム構造のプレス機械

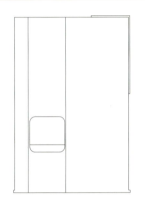

提供：アマダ

　C形フレーム構造のプレス機械の側面外側にブリッジをかけて補強し、簡易的に門形にしたタイプのプレス機械もあります。

ブリッジ形フレーム構造のプレス機械

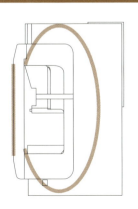

提供：アマダ

3-3 さまざまなプレス加工

・せん断加工 ・曲げ加工 ・絞り加工

　プレス加工は板材を目的の形に成形するために、いろいろな加工を組み合わせています。ここでは、プレスで行われる代表的な加工について説明します。

 せん断加工

　せん断は、鋭い刃を持った凸形状の**パンチ**と、凹形状の**ダイ**をかみ合わせて板材を切断する加工です。次の図に示すように、せん断加工では短時間でさまざまな現象が連続して発生しています。

せん断加工の流れ

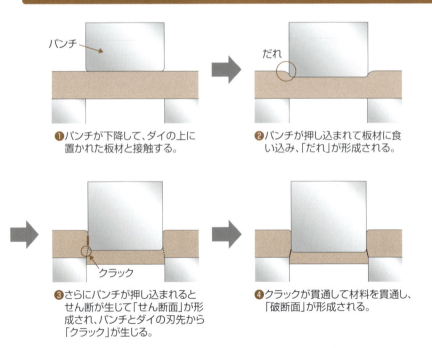

❶パンチが下降して、ダイの上に置かれた板材と接触する。

❷パンチが押し込まれて板材に食い込み、「だれ」が形成される。

❸さらにパンチが押し込まれるとせん断が生じて「せん断面」が形成され、パンチとダイの刃先から「クラック」が生じる。

❹クラックが貫通して材料を貫通し、「破断面」が形成される。

さまざまなプレス加工 3-3

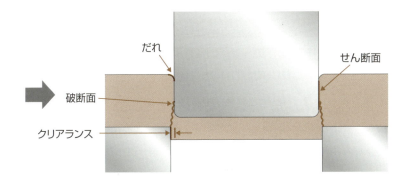

　パンチとダイの隙間のことを**クリアランス**とよびます。プレス加工の精度は、このクリアランスに大きく左右されます。板材の厚さや材質、加工条件などを考慮して適切なクリアランスを設定しなければなりません。だれ、破断面、バリが少ないプレス加工が理想です。

　代表的なせん断加工として、板材に穴をあける**ピアス加工**、端部の不要な部分を切り取る**トリム加工**、後工程で必要となる形に切り取る**ブランキング加工**などがあります。

曲げ加工

　曲げ加工は、板材をパンチとダイの間にかみ込んで目的の形状に曲げる加工です。パンチとダイの形状よって、**V曲げ**、**L曲げ**、**U曲げ**などのさまざまな曲げ加工を行います。

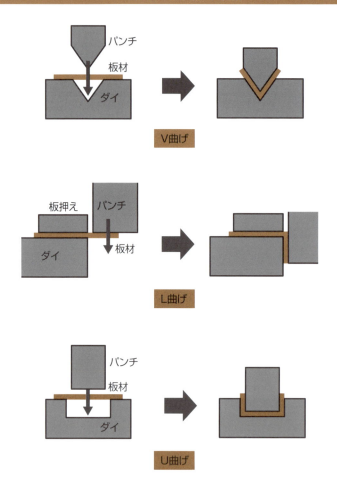

代表的な曲げ加工の種類

V曲げ

L曲げ

U曲げ

　材料の変形には**弾性変形**と**塑性変形**があります。プレス加工に使われる薄鋼板に力を加えて曲げたとき、力が小さいと元の形に戻ります。このときの変形が弾性変形です。加える力がある大きさを超えると、板は曲がったまま元の形に戻らなくなります。このときの変形が塑性変形です。プレスの曲げ加工は、強い力で板材を塑性変形させる加工といえます。

弾性変形と塑性変形

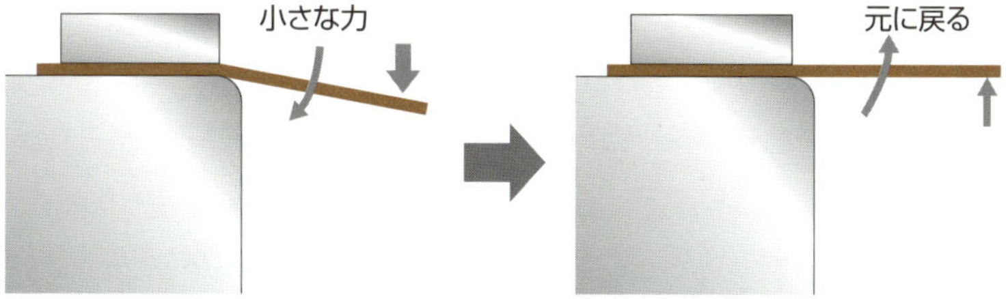

弾性変形

小さな力 → 元に戻る

塑性変形

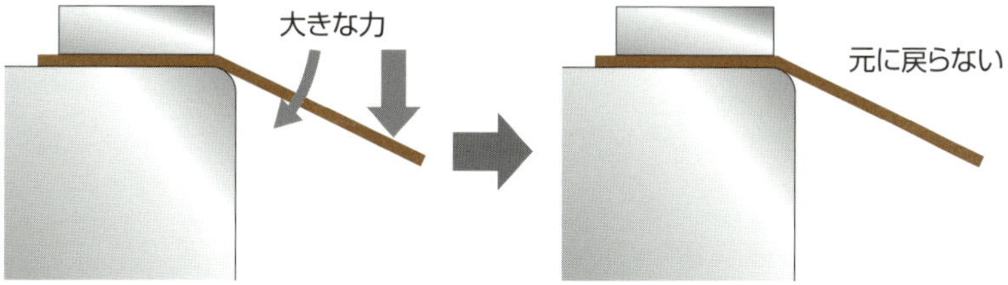

大きな力 → 元に戻らない

　曲げ加工や絞り加工などでは、プレスで塑性変形させてから金型を開いたときに、板材の変形が弾性的な作用で少し戻ります。この現象を**スプリングバック**といいます。つまり、金型を目的の成形品の形どおり正確に作っても、正確な成形品は得られないということです。そのため、スプリングバックで戻る変形の大きさを考慮して、金型を作る必要があります。

スリングバック

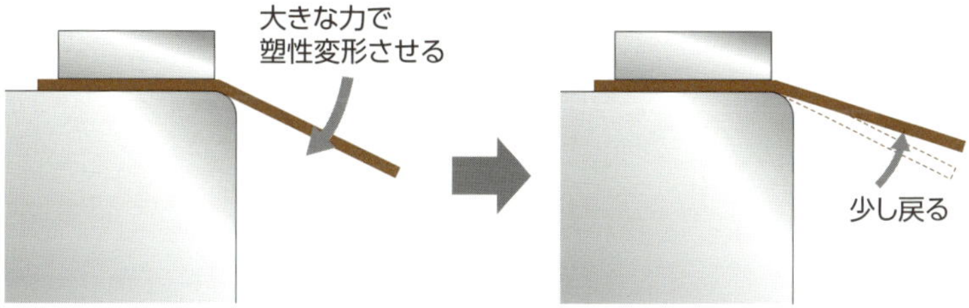

大きな力で塑性変形させる → 少し戻る

絞り加工

　絞り加工は、板材に伸び、曲げ、圧縮などの変形を与えて容器のような形にする加工です。ダイと**しわ押え**ではさみ込んだ板材をパンチでダイの穴に押込んで成形します。絞り加工中は、材料の各部位における板の厚さに増減が生じ、これがさまざまな成形不良を引き起こします。

　素材のしわ押えとダイにはさまれている部分を**フランジ部**とよびます。フランジ部は絞り加工をしている間に円周方向に縮まりますが、そのとき周囲の板材は座屈するため**しわ**が発生します。しわ押さえは、このしわを押える部分なのでこのようによばれるのです。

　一方、容器の底の部分では放射方向の引張り応力が増大して伸びが限界となり、最後には材料が破断する**キレツ**や**割れ**などの成形不良が発生します（次ページの図）。

　このような成形不良を防ぐためには、適切な材料の選定、金型や加工方法の工夫などさまざまな対策が必要です。

絞り加工の構成

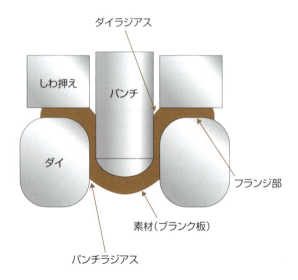

さまざまなプレス加工 3-3

絞り加工の現象

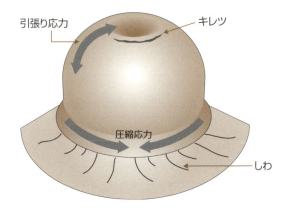

飲料缶の作り方

飲料缶は絞り加工で成形される代表的な製品です。昔の飲料缶は、金属の板を巻いて縁をロウ付けした胴に、蓋と底蓋を付けた3ピース缶でした。現在では、胴と蓋の2点だけからなる2ピース缶が主流となっています。

2ピース缶の胴は、**深絞り加工**でカップを成形した材料をせまいパンチとダイの隙間に押込む**しごき加工**を行い、さらに薄く深くしていきます。

飲料缶のしごき加工

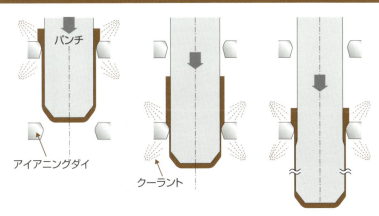

次に外面に印刷を施し、缶の口を絞り込む**ネック成形**と、蓋を巻き締めるための**フランジ成形**を施します。

　蓋部分は、缶本体とは別に製造されます。まず、板金を丸く打ち抜き、胴にかぶせるための段などを付ける成形がプレス加工により行われます。次に、タブを取り付けるためのリベット穴があけられ、開口部を切り取るための溝がプレス加工によって付けられます。さらに、取り付けたタブが大きく突出したり蓋に密着したりしないようにするための成形が、やはりプレス加工により行われます。

　タブも板金から打ち抜かれ、十数工程を経て強固なリング状のものに成型されます。すべてプレス加工です。タブはリベットで蓋に取り付けられます。

　最後に、タブの付いた蓋を胴に巻き締め、飲料缶が完成します。

蓋と胴の巻き締め工程

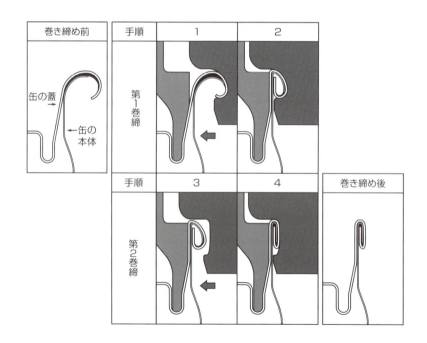

3-4 プレス金型の構成

•パンチ •ダイ •ダイセット •プレート •ピン

　プレス金型は、工具のパンチとダイを保持して正確に案内することが第一の役目です。そのほかに成形品やブランクを取り除いたり大きな荷重に耐えたりするために、複数のプレートと多くのピンで構成されています。

プレス金型を構成する部品

　ここでは、単純な外形抜き加工用の金型を例にして、それぞれの部品の役割について見ていきましょう。

プレス金型の構成（外抜き加工用）

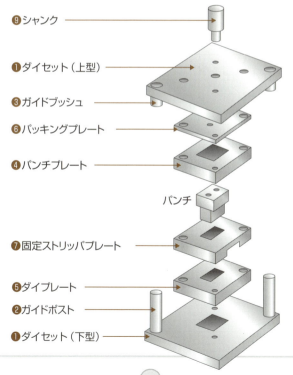

❾シャンク
❶ダイセット（上型）
❸ガイドブッシュ
❻パッキングプレート
❹パンチプレート
パンチ
❼固定ストリッパプレート
❺ダイプレート
❷ガイドポスト
❶ダイセット（下型）

3-4 プレス金型の構成

❶**ダイセット（上型・下型）**：プレス加工用の上下の金型の保持部をガイドピンやガイドポストで連結した標準ユニット。

❷**ガイドピンとガイドポスト**：上下の金型を案内して位置決めするためのピンとポスト。

❸**ガイドブッシュ**：ガイドポストとはめ合って金型の位置決めをする円筒状のスリーブ。

❹**パンチプレート**：パンチを保持するための板。

❺**ダイプレート**：ダイを保持するための板。

❻**パッキングプレート**：加工荷重に耐えるために補強するための板。

❼**固定ストリッパプレート**：パンチにまとわりついた加工物を取り除くための板。

❽**ノックピン**：それぞれのプレートを取り付ける位置を決め、固定するためのピン。

❾**シャンク**：パンチホルダの上部にあるプレスと金型の中心を合わせるための円筒状の突起。

組み上げた状態のプレス金型（外抜き加工用）

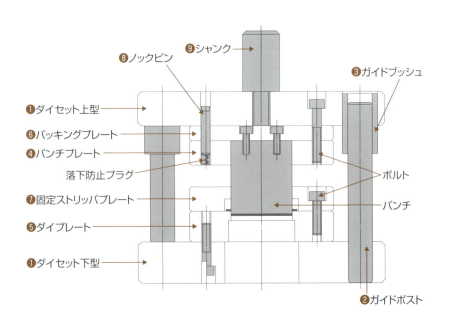

COLUMN 高精度なせん断加工を実現するファインブランキング

　せん断加工ではパンチとダイを組み合わせた金型が使用されますが、通常はクラックが成長して破断面となる部分が粗くなり、部品としての輪郭精度も低下します。

　ファインブランキングは、パンチとダイのクリアランスをできるだけ小さくして、環状のＶ字突起を持つ**板押え**で板材の動きを拘束し、加工時に板材が曲がらないように**逆押え**で下から板材を押えながら破断面が生じないように塑性せん断を行います。この方法で加工された部品の破断面は平滑となるため、カムや歯車などの切断側面を使用する部品の生産に使われています。

　限りなくゼロに近いクリアランスで確実に板材を打ち抜くためには、金型の精度だけでなくプレス機械の精度や剛性についても最上のものが求められます

▼通常のブランキング加工とファインブランキングの違い

通常の打抜加工

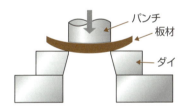

ファインブランキング

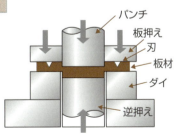

3-5 プレス加工の自動化

・トランスファ加工　・タンデムライン　・順送加工

最も基本的なプレス加工は、材料の挿入や取り出しを人の手で行います。しかし、人間の作業時間はプレス加工の成形時間よりも長いため、生産性を上げることができません。金型への材料の挿入と成形品の取り出しを機械を使って自動化することで、高速・無人生産が可能となります。ここではプレス加工を自動化するための代表的な方法について説明します。

トランスファ加工

複数の工程を必要とする製品の加工を1台のプレス機械で行うために、プレス機械と同期して動く**トランスファユニット**とよばれる機械を利用して、それぞれの工程間の搬送を自動化した生産方法です。トランスファユニットは、材料を送る方向と平行に置かれた送り棒です。これに**フィンガ**とよばれる爪を付け、成形品をつかんで搬送します。

トランスファ加工の横移送タンデムライン

提供：アマダ

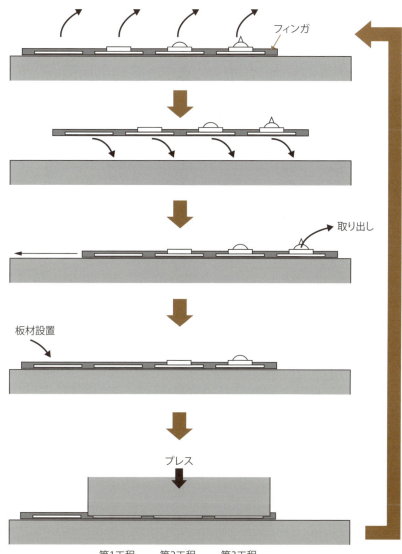

ロボットを利用した自動化

人のかわりにロボットが材料の挿入、取り出し、搬送をする生産方法です。ロボットとしては汎用的な産業用ロボットから専用に開発されたロボットまでさまざまなものが使われます。一般的に、大きな材料を加工するための中・大型プレス機械を直線的に配置した自動化ラインに適用されます。

ロボットを利用した自動化ライン

提供：アマダ

このように材料が複数の機械の間を移動する場合、効率を考えて一列に機械を配置することが一般的です。このように直線的に配置したラインのことを**タンデムライン**とよびます。

順送加工

順送加工では、複数のパンチとダイの組み合わせを持つ金型に一定のピッチで材料を送り込み、1回の動作で複数の加工を同時に行います。**プログレッシブ加工**ともよばれています。比較的小さな金属の部品を大量に成形するときに使われる方法です。材料は**コイル材**とよばれる一定の幅の長い鉄板を巻いた状態のもの用意して、**ロールフィーダー**とよばれる機械を使って高速かつ正確に送り込みます。

プレス加工の自動化 3-5

ロールフィーダー付きプレス機械

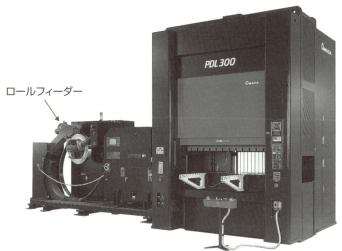

提供：アマダ

COLUMN 標準部品の利用による金型製造の効率化

　金型の部品点数はとても多いため、すべての部品を金型メーカー1社だけで作るのは非効率的です。そのため、現在ではよく使われる部品は標準部品として規格化され、市販されています。
　ボルト、ブッシュ、ばね、ピンなどの部品はそのまま使われますが、順送プレス加工などで使われる細かなパンチやダイなどは、ある程度の寸法まで加工してある標準部品を購入して追加工を施して使うのが一般的です。必要な寸法などを添えて追加工も依頼し、完成品として購入することもあります。これらの金型標準部品を扱っている主要な業者は、追加工はもちろん、設計図を添えれば標準部品のリストにはない特殊な部品も加工してくれます。
　金型標準部品の世界は、いわゆる「グローバル化」が進んでおり、インターネットなどを通じて海外の業者に発注し、部品を取り寄せるということも一般的になってきました。

3-5 プレス加工の自動化

順送金型の仕組み

　順送金型の設計では、**ストリップレイアウト図**などを作りながら、材料が順次加工されて変形していく過程を考えます。この作業には高度な技術と経験が必要です。次の例に示すように、ストリップレイアウト図と３次元CADで作成した工程の流れを比較しながら見ていくと、曲げの部分などがわかりやすいと思います。

ストリップレイアウト図と順送加工の流れ

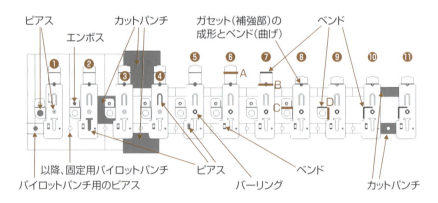

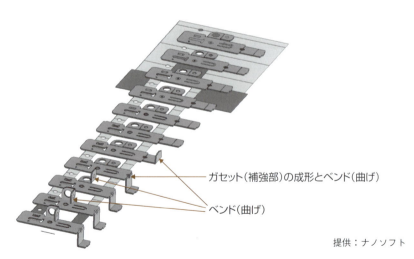

ガセット（補強部）の成形とベンド（曲げ）
ベンド（曲げ）

提供：ナノソフト

❶コイル材を精度良く送るための位置決め用の穴を加工する(ピアス)。
❷浅いくぼみを加工する(エンボス)と同時に、T字形の穴をパンチで打ち抜く(ピアス)。
❸端部の不要な部分をカットパンチで切り取る。
❹U字形の穴をパンチで打ち抜く(ピアス)。
❺下穴をあけ、縁を円筒状に下から上に伸ばしてフランジを成形する(バーリング)と同時に、四角形の穴をパンチで打ち抜く(ピアス)。
❻四角形の穴の二辺を上に曲げる(ベンド)。
❼Aの部分を上に曲げる(ベンド)。
❽ガゼット(補強部)を成形すると同時に、Bの部分を下に曲げる(ベンド)。
❾Cの部分を上に曲げる(ベンド)。
❿Dの部分を上に曲げる(ベンド)。
⓫部品をカットパンチで切り落とす。

　順送金型では、工程ごとに抜き、曲げ、カットなどの多種多用なパンチが使われています。金型全体としての構造も複雑になり、製作には高い精度が要求されます。

各工程のパンチの配置

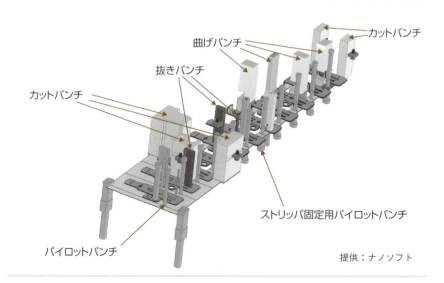

提供:ナノソフト

3-5 プレス加工の自動化

COLUMN ガンプラを作るための4色射出成形機

　筆者はいわゆるガンダム世代で、これまでに数え切れないほどの「ガンプラ」を作ってきました。最近のガンプラを見てみると、1つのランナーに複数の色のパーツが成形されています。これらのランナーは、複数の射出装置を装備した特別な成形機を使って一度に成形されているのです。ガンプラを生産しているバンダイホビーセンターには、1つの金型に4種類のプラスチックを射ち込むことができる特別な成形機が多数導入されています。しかし、その成形条件の設定はとても難しく、熟練したスタッフの経験と感覚が不可欠となっています。

▼バンダイホビーセンターオリジナル電動式4色射出成形機のプラモデル

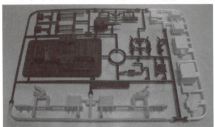 

Chapter **4**

ダイカスト金型

ダイカスト成形は鋳造法の一種で、溶かした金属を金型に圧入して、高品位な鋳物を大量生産します。一見、射出成形と似ていますが、成形機や金型にはどのような違いがあるのでしょうか。

4-1 ダイカストマシン

・ダイカストマシン　・コールドチャンバー式　・ホットチャンバー式

「ダイカストマシン」は、ダイカスト成形で高精度な鋳造品を連続して大量に生産するための専用機械です。ここでは、ダイカストマシンの構造と動きについて説明します。

ダイカストマシンの構造

ダイカストマシンは、溶融金属を金型内に圧入する**射出装置**、閉じた金型が開かないように締めたり成形後に金型を開いたりする**型締装置**、金型の押出盤を作動させて成形品を金型から押出す**押出装置**で構成されます。型締めは、油圧シリンダとトグル機構を組み合わせた方法で実現されます。射出装置・給湯装置・炉などの構造により、**コールドチャンバー式**と**ホットチャンバー式**に分類されます。

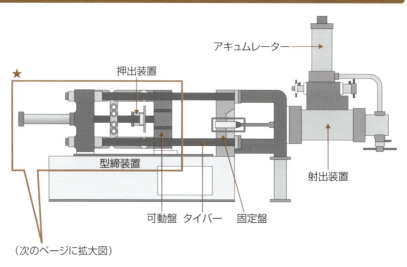

コールドチャンバー式ダイカストマシンの構造

次の図で、**アキュムレーター**は、射出装置の出力を増加させるために高圧の窒素ガスを蓄える容器です。**タイバー**は、可動盤と固定盤を支え、金型の開閉動作を案内します。

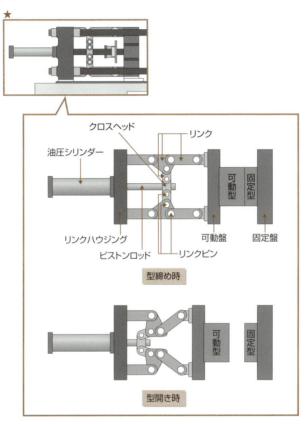

資料提供：日本ダイカスト協会

コールドチャンバー式ダイカストマシン

コールドチャンバー式ダイカストマシンは、型を閉じたときに金型の**鋳込口**と**スリーブ**が1つの空間になります。その空間に**ラドル**で溶湯を注ぎ込んで金型内に射出し、冷却固化させて成形品を生産します。溶湯を溶かした状態で保持しなければならないため、ダイカストマシンとは別に**るつぼ**などの**保持炉**が必要です。

コールドチャンバー式ダイカスト成形

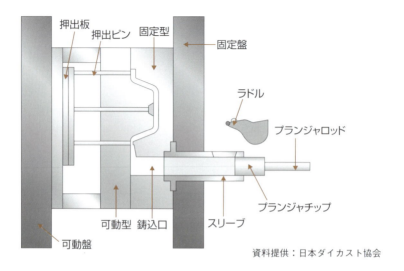

資料提供：日本ダイカスト協会

コールドチャンバー式ダイカストマシン

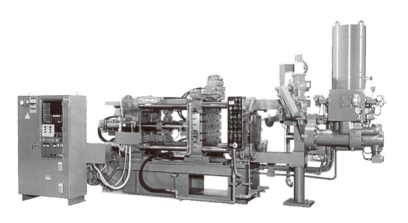

▲内部を観察しやすいようにカバーが外されている

資料提供：日本ダイカスト協会

ラドルは、保持炉にある溶湯をくんでスリーブに入れるための「ひしゃく」です。**プランジャチップ**は、射出装置の先端部にある円柱状の部品で、スリーブと対になっています。スリーブは、ラドルでくまれた溶湯を注ぎ入れる円筒状の容器です。

コールドチャンバー式は一般的に鋳造能力が高いため、大きなものを成形できます。溶融温度が高いアルミニウム合金などの成形に適しています。

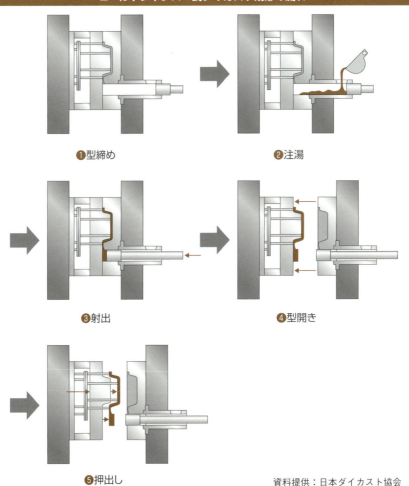

コールドチャンバー式ダイカスト成形の流れ

❶型締め　❷注湯　❸射出　❹型開き　❺押出し

資料提供：日本ダイカスト協会

ホットチャンバー式ダイカストマシン

　ホットチャンバー式は、溶湯を常に加熱層（ホットチャンバー）内で加熱しておき、金型内部にプランジャで溶湯を注入する方法です。コールドチャンバー式のように外部から湯を注ぎ込む必要がないので、酸化物や空気などの不純物を含まない、きれいな溶湯を用いた良好な成形が可能となります。成形サイクルも短くなり、生産の効率化を図ることができます。

ホットチャンバー式ダイカストマシン

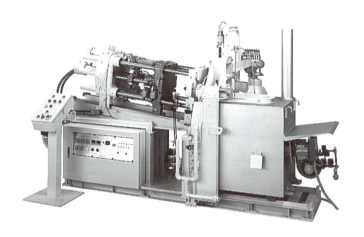

▲内部を観察しやすいようにカバーが外されている

資料提供：日本ダイカスト協会

　次の図で、**メルティングポット**は、ホットチャンバー式の溶解用の鍋です。**グースネック**は、メルティングポット内のスリーブから押出された溶湯を、上のノズルまで導く管です。ガチョウ（グース：goose）の首のような形状をしたものが多いため、こうよばれるようになりました。

ホットチャンバー式ダイカスト成形

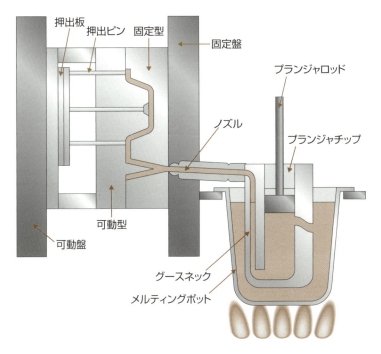

資料提供：日本ダイカスト協会

　ホットチャンバー式は、湯が常に溶けた高温の状態で保持されているため、溶湯に接触しているダイカストマシンの部品が熱で劣化してしまいます。そのため、溶融温度が比較的低い亜鉛やマグネシウムなどの合金の成形に主に利用されてきましたが、各部品をセラミックなどで作ることによってアルミニウム合金の成形も可能になりつつあります。

4-1 ダイカストマシン

ホットチャンバー式ダイカスト成形の流れ

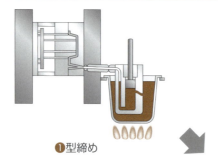
❶型締め

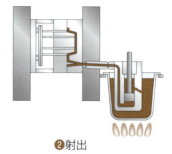
❷射出

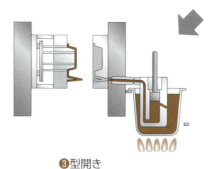
❸型開き

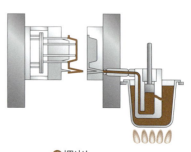
❹押出し

資料提供：日本ダイカスト協会

4-2 ダイカスト金型の構造

・ブッシュ　・引抜中子　・入子　・湯口方案

　ダイカスト成形は、材料をプラスチックから金属にした射出成形と考えることもできます。そのため、ダイカスト用の金型の中にも射出成形用のものと同じような役割の部品が多く見られます。ここでは、ダイカスト金型の基本構造について見ていきましょう。

ダイカスト金型の基本構造

　ダイカスト金型は、構造的にダイカストマシンの固定盤に取り付けられる**固定型**と、可動盤に取り付けられる**可動型**に分けられます。

　固定型側には、コールドチャンバー式（次ページの図）では**鋳込口ブッシュ**、ホットチャンバー式では**スプルーブッシュ**とよばれる溶湯を注入する口があります。可動型側には、成形品を取り出すための押出機構や、アンダーカット処理のための**引抜中子**などが設けられます。

　ダイカスト金型のキャビティを構成するブロックである**入子**の材料には、一般にSKD61やSKD6などの熱間工具鋼が用いられ、この入子を炭素鋼や鋳鉄などで作った**おも型**にはめ込んで使用します。注入された溶湯を凝固させるために、入子には冷却水を流すための管が設けられています。

湯口方案

　射出成形金型と同じように、ダイカスト金型にも製品の形状を構成する**キャビティ**と、溶湯をキャビティへ導くための**湯道**（ランナー）や**湯口**（ゲート）などが設けられています（次々ページの図）。湯口の形で、湯がキャビティに入っていく流速を調整します。

金型の固定側型板と可動側型板の分割線も、射出成形と同じように**パーティングライン**といいます。**湯溜り（オーバーフロー）**は、酸化物で汚れた湯やガスを逃がして湯の流れをよくするための湯の溜り場です。湯溜りから空気やガスを金型の外へ排出するために、**エアベント**を設けます。

このように金型や湯口、湯道などの形状や位置、数量などを設計して、鋳造の段取りをすることを**湯口方案**といいます。湯口方案を適切に行うには、材料の金属の性質や各工程の流れを十分に理解していることはもちろん、経験にもとづいた多くの知識が必要です。

ダイカスト金型の構造（コールドチャンバー用）

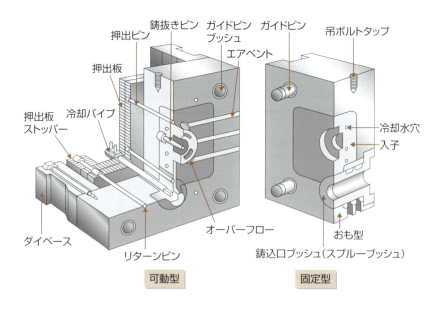

資料提供：日本ダイカスト協会

ダイカスト金型の構造 4-2

湯口方案

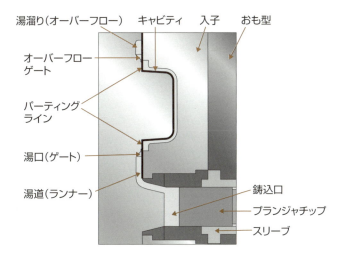

COLUMN 金型の補修

　金型のキャビティやコアなどの一部が、打撃や磨耗などでへこんだり、欠けてしまったりすると、もうその金型を生産に使うことはできません。しかし、また最初から金型を作り直すのも大変です。このような場合の暫定的な補修方法の一つとして、**溶接**があります。

　溶接は、緊急に修理しなければならない場合にはたいへん有益な加工方法ですが、その採用にあたっては以下のような問題について十分配慮する必要があります。

❶溶接した部分に熱ひずみが発生するため、寸法が大きく変化します。
❷焼き入れ鋼などでは、溶接した部分の硬度が再加熱によって低下します。
❸溶接部に残留応力が発生し、変形が生じる恐れがあります。

　また、加工の品質は、溶接電流の調整、溶接棒の選定、溶接棒の先端形状の調整など、作業者の技量によって大きく左右されます。

4-3 ダイカスト金型の仕組み

• アンダーカット処理　•引抜中子　•置き中子　•冷却水管

成形品の離型やアンダーカット処理、金型温度の調整などの機能も、射出成形用の金型とほとんど同じです。

成形品の離型

ダイカストマシンで成形された製品は、射出成形機と同じようにエジェクタプレートに取り付けられたエジェクタピンによって押出されます。

金属の成形品も、プラスチックと同様に成形後に収縮します。そのため、射出成形のときと同じように「抜き勾配」を付けて「かじり」などの不良を防ぎます。

アンダーカット処理

金型の開閉方向に押出すだけでは成形品を離型できない場合、射出成形と同じようにアンダーカット処理が必要になります。通常は**引抜中子**（ひきぬきなかご）とよばれるアンダーカット部分の金型を引き抜いて処理します。この引抜中子の役割は、射出成形のスライドコアと同じです。引抜中子を動かす方法は射出成形と同じ**傾斜ピン方式**や油圧や空圧でシリンダを押出す**コアプラ方式**が一般的です。

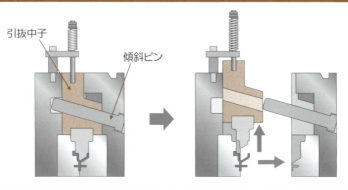

傾斜ピン方式

傾斜ピン方式は、射出成形のスライドコア方式と同じように、金型の開閉動作と連動する傾斜ピンを利用して、斜めに穴をあけた引抜中子を移動させる方法です。傾斜角度やピンの長さで引き抜きの長さを調整します。

コアプラ方式では、油圧や空圧でシリンダを動かして引抜中子を直接移動させます。

ダイカスト成形後に取り出したり壊したりすることのできる**置き中子**を利用したアンダーカット処理も有効です。置き中子としては、砂に特殊なコーティングを施した**崩壊性砂中子**や、塩類を用いて鋳造後に水に溶解させる**可溶性中子**などがあります。

置き中子

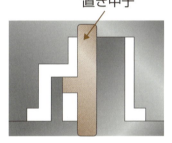

置き中子　崩壊性中子

資料提供：日本ダイカスト協会

金型温度の制御

ダイカスト成形品を効率よく生産するためには、射出成形と同様に金型温度の制御が重要です。金属の融点はプラスチックよりもかなり高いため、溶湯に触れて高温になった金型を効率よく冷やして溶湯を凝固させる必要があります。ダイカスト金型の冷却も射出成形金型と同様に、金型内に設けられた**冷却水管**に水を通して行います。鋳込口や湯口付近は特に高温になるので水管を集中的に配置します。

金型や溶湯の温度制御が適切でないと、成形不良が生じる原因となります。最近ではコンピュータ上でシミュレーションを行うことによって、湯の流れや凝固の様子を金型の設計段階で把握できるようになってきました。

4-4 ダイカスト成形の自動化

・自動給湯装置　・自動スプレー装置　・自動製品取出装置

　現在のダイカストマシンは、給湯、スリーブやプランジャチップの清掃、潤滑剤の塗布、成形品の取り出し、金型の清掃、離型剤のスプレーなど、従来は人が行っていた作業を自動化した機械です。ここでは、代表的な自動化装置について説明します。

自動給湯装置

　コールドチャンバー式のダイカストマシンの場合、成形サイクルごとに溶湯を供給しなければなりませんが、このような単調かつ間違いの許されない作業を人が行うのは非効率的です。**自動給湯装置**は、保持炉内の溶湯を所定の量ずつ自動的にくみ取り、ダイカストマシンのスリーブに迅速かつ確実に給湯する装置です。

自動給湯装置

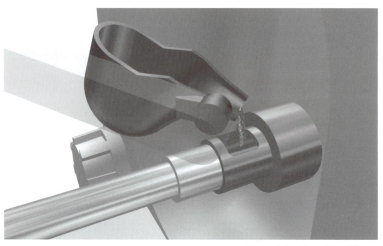

提供：クライムエヌシーデー

自動スプレー装置

　自動スプレー装置は、射出前で型が開いている段階で、金型のキャビティや中子などをエアブローで清掃したり、成形品のかじりや焼付きを防止するための離型剤などを自動的にスプレーしたりする装置です。

自動スプレー装置

提供：クライムエヌシーデー

 ## 自動製品取出装置

　自動製品取出装置は、鋳造後、可動型から押出されたダイカストの一部（一般的には鋳込口部）をつかみ、ダイカストマシンの外に取り出す装置です。

　以上の自動化装置は、それぞれの作業だけを行う一種の専用ロボットですが、より汎用性の高い多関節型などの産業用ロボットを最小限の台数だけ用いて、スプレー、給湯、取り出しなどの作業を自動的に行えるようにしたものもあります。

4-4 ダイカスト成形の自動化

自動製品取出装置

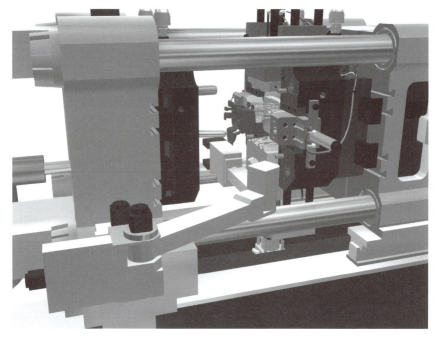

提供：クライムエヌシーデー

　ダイカスト成形は、ダイカストマシンから取り出された成形品のバリ取りなどの仕上げ作業を含めて、その多くの作業をほぼ完全に自動化することができます。

COLUMN　金型の保管

　苦労して作製される金型。製品の生産が終了して使わなくなったとしても、すぐに捨てるのはあまりにももったいないものです。再生産の可能性がないとは言い切れません。そのため、ほとんどのユーザーはしばらくの間、金型を保管しています。

　鋳造用の木型やダイカスト金型などについては何十年も保管されるケースもあり、年々増え続ける保管コストによって事業の運営が阻害される場合もあるようです。

4-5 高品位な成形のための特殊ダイカスト法

・鋳巣 ・ひけ巣 ・巻き込み巣 ・ブローホール

　一般にダイカスト法による成形では、成形品の内部に巣などの成形不良が生じてしまうため、製品の性能が低下するなど問題となります。そのため、より高品位な成形を目的とした特殊なダイカスト法がいくつか考案され、実用化されています。

成形品内部の空洞—「巣」

　「巣」とは、ダイカスト製品の内部に存在する空洞のことで、**鋳巣**（いす）ともよばれ、主に**ひけ巣**と**巻き込み巣**に分けられます。

　ダイカスト成形は、成形品の外側から固まり始め、内部は遅れて凝固します。この凝固時に生じる収縮（凝固収縮）によって、後から固まる内部に生じてしまう空洞がひけ巣です。

　また、ダイカスト成形では溶湯を高速で射出するため、溶湯が金型内に存在する空気やガスを巻き込んだまま充填されます。これらのガスは凝固して微細な気泡として内部に残り、丸い空洞となります。この空洞を巻き込み巣あるいは**ブローホール**とよびます。

　これらの巣は、ダイカスト製品の強度、気密性、熱処理性などの性能を低下させる原因となっています。

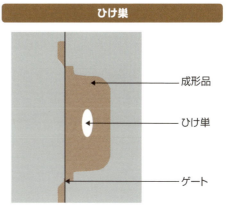

ひけ巣

真空ダイカスト法

　真空ダイカスト法は、金型のキャビティに存在する空気を真空ポンプで吸引・減圧して金型内部を真空状態にし、そこへ溶湯を充填して凝固させる方法です。溶湯の高速な充填が可能で生産性が高く、巻き込み巣の発生防止にも効果があります。真空度の管理や射出と減圧のタイミングの制御が重要です。

真空ダイカスト法

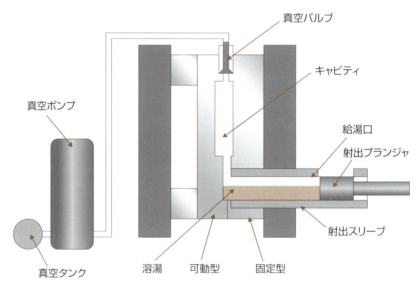

資料提供：日本ダイカスト協会

無孔性ダイカスト法

　無孔性ダイカスト法は、溶湯を充填する前にキャビティ、ランナー、スリーブなどの金型内部を、酸素ガスなどの活性ガスで置換しておく方法です。充填される溶融金属は金型内の酸素と反応して酸化します。その結果、真空ダイカスト法と同様にキャビティ内部が減圧状態となり、巻き込み巣の少ないダイカストが得られます。

スクイーズキャスティング法

　スクイーズキャスティング（Squeeze Casting）法は、キャビティ内に下部から溶湯を充填してから高圧をかけて溶湯を凝固させる方法です。**高圧鋳造法**ともよばれます。

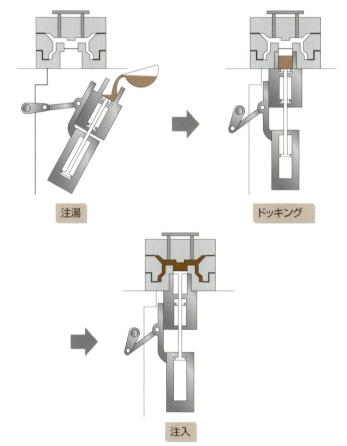

スクイーズキャスティング法

注湯 → ドッキング → 注入（充填後、高圧をかけながら凝固）

資料提供：日本ダイカスト協会

Squeezeという単語は「表面に圧力を加えて押す」というのが原義で、まさにそのとおりの成形法といえます。溶湯が低速で充填されるため空気の巻き込みが少なく、鋳巣の発生を抑制できます。また、高い負荷をかけることによって金属の組織が微細化するため、強度がある高品位なダイカスト製品を得ることができます。

半溶融・半凝固ダイカスト法

固体と液体が共存したシャーベット状態（固液共存状態）の合金をダイカストする方法です。液体から固液共存状態にする場合を**半凝固ダイカスト**、固体から固液共存状態にする場合を**半溶融ダイカスト**とよびます。ひけ巣の発生が少ない、金型寿命が長い、結晶粒が均一であるなどの特徴があり、品質の安定したダイカストを得ることができます。

半凝固ダイカストを扱う方法が**レオキャスティング法**です（次ページの図）。るつぼの中で半溶融状態の金属をローターでかくはんし、**デンドライト***とよばれる凝固組織を分離して半溶融スラリー*とします。適量のスラリーをポンチで金型の中に圧入することによって、通常の鋳造方法では得られないような微細な内部組織を持つ金属部品を製造することができます。また、半溶融スラリーの温度は一般の溶湯と比較して低くできるので、金型の長寿命化、さらには従来困難だった高融点金属の金型成形ができるなどの利点もあります。

一方、半溶融ダイカストを扱う方法が**チクソキャスティング法**です（次々ページの図）。この方法ではレオキャスティング法で製造された半溶融スラリーを鋳型に注入して凝固させ、固体の**ビレット**にします。このビレットを必要量だけを切り出し、半溶湯状態の所定のやわらかさになるまで加熱したものをショットチャンパに装入して金型に圧入して成形します。チクソキャスティング法は、製造したビレットを貯蔵しておくことができるため、レオキャスティング法と比較して生産管理が容易です。

***デンドライト** デンドライト状結晶。溶融金属を凝固させたときに典型的に観察される組織。樹枝状結晶ともよばれる。
***スラリー** 微小な固体粒子が液体中に混ざって泥状になったもの。

レオキャスティング法

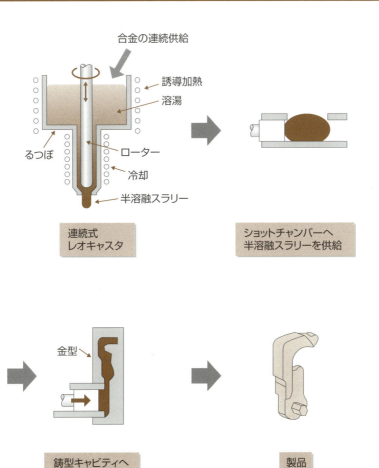

資料提供：日本ダイカスト協会

4-5 高品位な成形のための特殊ダイカスト法

チクソキャスティング法

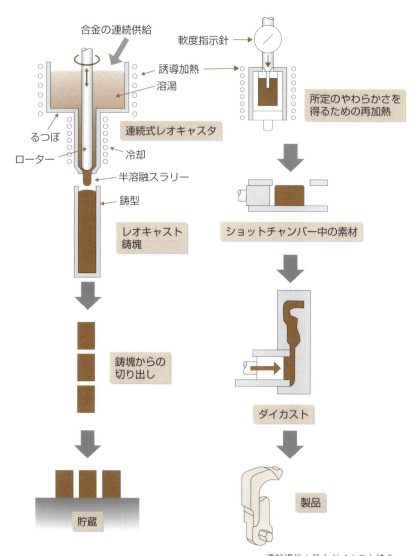

資料提供：日本ダイカスト協会

Chapter 5

金型の設計

ものを作る最初の作業は設計です。金型はどのように設計されるのでしょうか。ここでは、みなさんが目にする機会が多いプラスチック製品を生産する、射出成形金型の設計を中心に見ていきましょう。

5-1 金型設計の流れ

・仕様 ・図面 ・仕様書

　金型は構成部品が多くて構造が複雑なため、その設計には多くの知識と経験が必要です。はじめに、金型設計の大まかな流れを説明します。

製品仕様の決定（発注側）

　まず、金型を発注する側が製品の機能的な部分を含めた**仕様**を決め、製品の**図面**を作成します。次に、金型に要求する成形の内容をまとめた**仕様書**を作成します。このとき、総生産量、1日あたりの生産量、生産日程、生産コスト、価格などを考慮して希望する納期や契約金額なども決定します。

構想設計

　発注側から示された仕様書や図面をもとに、金型の大きさや構造、使用する材料などの大きな項目から、ゲートの方式や位置、抜き勾配の付け方、パーティングライン、アンダーカット処理の方法、押出し方式、冷却方式などの細かい項目まで、発注側の担当者とも相談しながら金型としての仕様を決定します。

各部の寸法や強度の検討

　製品の図面や金型の仕様書などをもとに、金型の主要部品の強度計算を行いながら、金型全体から金型を構成する主要な部品までの詳細な形状、寸法、加工方法などを決定していきます。現在では3次元CADを利用したコンピュータ画面上での検討作業が主流となりつつあります。

組立図の作成

　各部品の配置を決め、部品と部品の干渉などの構造上の問題がないか確認します。作動部分については、各部品の動作のタイミングや動作中に干渉しないかなど

を確認します。また組立作業についても、組み込めない部品があるといった矛盾がないかなどの妥当性を検討します。

部品図の作成

　組立図にもとづいて製作する各部品の図面を作成します。完成した部品図が加工工程にまわされ、金型の製作が開始されます。

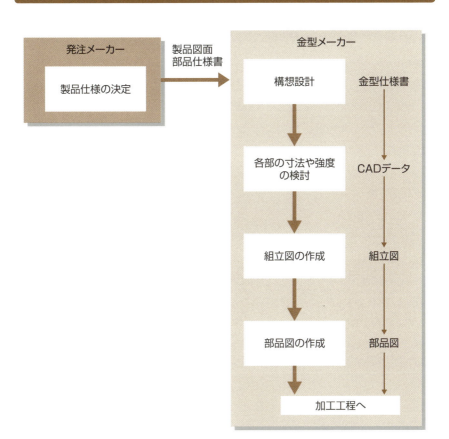

金型設計の流れ

5-2 CADによる設計

・2次元CAD ・3次元CAD

　現在の製造業では、複雑な構造や形を持つ製品の生産や、製品開発の短期化も実現できています。この背景には、1990年ごろから製造業に急速に普及したコンピュータと製造系ソフトウェアの活躍があるのです。

複雑・多様化する製品

　金型だけに限らず、従来の設計作業は手書きの製図によって進められていました。昔の写真や映像などを見ると、当時の製品は形が角ばっているものが多く、最近の人、特に若い人にとってはつまらないデザインに見えるのではないでしょうか。いま、まわりの製品を見渡してみると、意匠性や質感を高めるために、ほとんどのものに**自由曲面***が使われています。しかし、このように3次元的に変化する自由曲面を持つ形を2次元的な図面で表しても、後工程に渡す情報としては正確さという点で限界があります。どんなに良いデザインを考えても、実際に作る人に伝わらなくては意味がありません。

　また、製品のライフサイクルの短縮化が進み、それに伴って新製品の開発期間もどんどん短くなってきています。その一方で、ニーズの多様化によって機能が増加し、構造は複雑になる一方です。部品の数も多くなってきています。そのため、設計作業は負担を分散して効率化を図るために複数の人で行われるようになりました。しかし、設計に関するノウハウなどの情報はすべて個人に集約されているため、設計者ごとに基準が異なり、この差が誤差を生じさせます。作業の標準化を図る必要がありましたが、2次元図面を中心にした情報のやり取りでは対応が困難でした。

***自由曲面**　　平面、円筒面、球面などは、初等関数で表せる曲面。これに対して、さらに複雑で幾何学的に簡単に表せない曲面が自由曲面。

CADとは

CAD（Computer Aided Design）は「キャド」あるいは「シー・エー・ディー」とよばれ、日本語では「計算機援用設計」と訳されます。正式には日本語訳のとおりコンピュータに支援された設計作業そのものを指しますが、現在では設計作業で使うソフトウェアのことをCADとよぶことが一般的となってきました。

2次元CADの登場

CADが製造業に導入され始めたころ、その主な目的は作図作業の支援でした。製図用紙にドラフタなどを使って直接図面を書くかわりに、キーボードやマウスなどの入力デバイスとディスプレイを使い、対話形式で図面情報をコンピュータに入力することによって、設計作業の効率や精度を向上させることが狙いでした。このように、3面図などの2次元の図面をコンピュータのディスプレイ上に表示して作業をするCADが**2次元CAD**です。

2次元CADの図面（テープカッターの例）

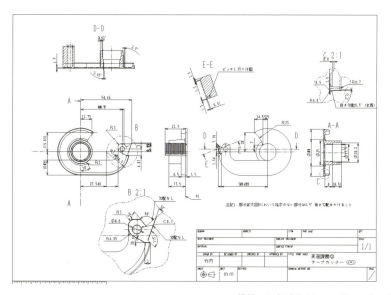

提供：日本デザインエンジニアリング

CADによりデジタル化された設計情報を、ネットワークなどを利用して運用することによって、次のような効果が期待できます。

❶個人のノウハウなどの情報を全員で共有できます。
❷各工程で異なっていた情報が一元化され、作業が標準化されます。
❸複数の作業を同時に進めることができます。
❹作業の短納期化、高品質化、低コスト化が実現できます。

3次元CADの台頭

　2次元CADの普及によって設計作業の効率化が進みましたが、その対象はあくまで2次元図面の作図作業であって、曲面形状の表現が難しいという問題は解決できません。**3次元CAD**は、コンピュータ上で3次元形状を表現するCADです。CGの技術などを使って視覚的にわかりやすく製品の立体形状を表現できます。また、組み立て工程や完成品の動作などの様子も画面上で確認できるため、製品の試作やプレゼンテーションの業務でも広く利用されています。

COLUMN　3次元CADは設計のプラットホーム

　最近のCAEソフトウェアは、主要な市販の3次元CADソフトウェアの付加機能としてインストールされる「アドオン」タイプのものが増えてきました。このため、CAEの解析結果を見た画面から、そのまま形状を修正することができるようになりました。CAM機能が付属したCADならば、CAEの解析結果を反映させた後で加工データを作製してみるなど加工の妥当性についても検証できます。現在の3次元CADは、設計に不可欠な基盤技術といえるでしょう。

▼3次元CADによる設計作業の様子

提供：長津製作所

CADによる設計 5-2

3次元CADの画面（テープカッターの例）

提供：日本デザインエンジニアリング

CAD情報のやりとり

　金型の場合、発注元の自動車や家電のメーカーが設計した製品のCADデータを使って、金型加工メーカーが金型を設計するということが多くなってきました。そのため、金型メーカー側は発注元と同じCADを導入したり、所有しているCADのデータに変換する**ダイレクト・トランスレーター**を用意したりして、発注元から提供されるCAD情報が確実に受け取れるように対応しています。

5-3 CAEによる検証

•CAE　•有限要素法　•境界要素法　•差分法

　設計された製品を生産する準備をする前に、設計内容が妥当かどうか確認する必要があります。ここでも、コンピュータを利用した作業の合理化が進められています。

CAEとは

　CAE（Computer Aided Engineering）は「キャイー」あるいは「シーエーイー」とよばれ、コンピュータを活用して設計の事後確認や製造の事前検証の支援を行うこと、またはそれを行うツールのことを指します。CADと同じように日本語に訳すと「計算機援用工学」ということになりますが、これは学術的な意味合いが強く、生産現場ではほとんど使われていません。現在、製造業で行われているコンピュータ・シミュレーションといえば、ほとんどはCAEのことを意味します。

CAEで扱うシミュレーション

　コンピュータが製造業に普及するまでは、設計時の製品の形や構造などの細かい部分は、実際に試作品を作ってみるまで検討できませんでした。つまり、量産品を作る前に試作品を何度も作り、そのたびに製造方法の妥当性を検証したり、耐久性などの試験をしたりして、製品の性能が十分かを検証していたのです。このような方法ではコストも時間もかかり、開発期間の短縮など不可能です。
　3次元CADが普及することによって、製品の3次元CADデータを利用したさまざまなシミュレーションが行われるようになり、試作品を作らずに設計した製品の評価や最適化をすることが可能になりつつあります。

　次の写真は、自動車エンジンのピストンバルブ部分の動作解析の様子です。バルブスプリングを変更したときのカム部の接触力を検証しています。

5-3 CAEによる検証

機構解析

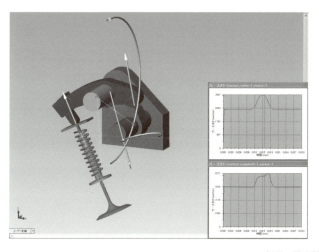

提供：構造計画研究所

応力解析

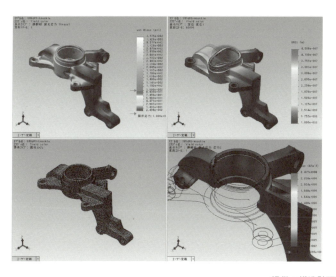

提供：構造計画研究所

5-3 CAEによる検証

　前ページの下の写真は、ナックルジョイントの強度解析です。集中荷重負荷による応力分布と値を検証しています。

　次の写真は、モーターに隣接するシャフトアセンブリの固有振動数の解析です。モーターの回転によって生じる振動が、周りの部品にどのような影響を与えるか検証しています。

固有値解析

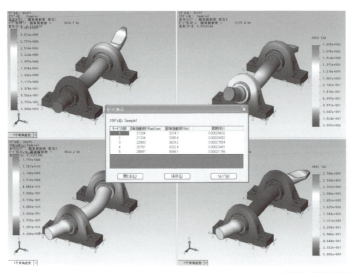

提供：構造計画研究所

　次ページの写真は、電子筐体内部の冷却状態を解析している様子です。筐体内部の排熱の様子を、ファンを用いたモデルで検証しています。

流体解析

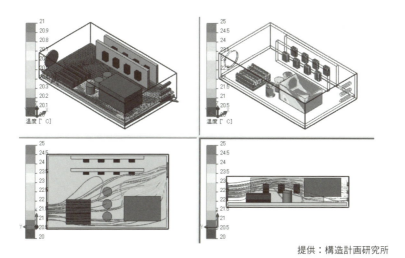

提供：構造計画研究所

⚙ CAEで使われる解析方法

　CAEで行われる物体の変形や応力の計算方法として真っ先に思いつくのは、大学工学部の材料力学の講義などで学ぶ手法です。目的の形状に対して単純な仮定を置くことによって形状全体での解析解を求めます。しかし、複雑な形状を適切にモデル化することは難しいため、単純な形状しか扱えません。

　現在のほとんどのCAEでは、形状を何らかの方法で分割して多数の連立方程式をたて、計算機を利用して近似解を求めるのが一般的です。以下では、代表的な3つの方法について簡単に説明します。

⚙ 有限要素法（FEM：Finite Element Method）

　解析対象を三角形や四角形などの小さな要素で分割して、各要素で成り立つ1次方程式を立てます。そして、各要素の方程式をすべて足し合わせて大きな連立1次方程式を作成し、それを解いて各要素における変位や応力を求めます。

　優れた機能を持つ解析ソフトウェアが多数市販されていて、現在の産業界では最も幅広く利用されています。この手法の場合、解析対象を多数の要素に適切に分割する処理が重要になりますが、いまでは3次元CADの形状データを活用すること

によって、必要なデータがほぼ自動的に生成できるようになりました。

有限要素法

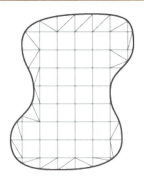

境界要素法（BEM：Boundary Element Method）

　解析対象を有限個の領域に分割して、各領域の境界上の節点における支配方程式（力のつりあい方程式やナビエ・ストークスの式など）を連立1次方程式に近似して解く方法です。有限要素法とは違い、境界上のみを要素分割します。3次元の解析を行う場合でも、解析対称の表面だけ分割すればよいので、解析前の処理は簡単です。電磁場の解析によく利用されます。

境界要素法

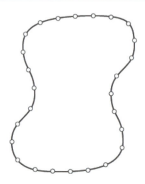

差分法（FDM：Finite Difference Method）

　解析対象の挙動を微分方程式で表現して数値計算を行います。ここで説明する3つの手法の中では、歴史的に最も古い解析手法です。解析対称を直交格子で分割して処理を行います。直交格子を用いているので、有限要素法などと比較して処理は速くなりますが、曲面で表現された境界のように境界条件が複雑になると処理が難しくなります。流れの解析によく用いられます。

差分法

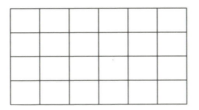

「定性的」な解を求める

　解析結果が実際の現象と完全に一致するということは、まずありません。CAEによる解析で、金型による成形後の成形品の長さなどを正確に知りたいという、いわゆる定量的な解を期待することは当然といえます。もちろん、CAEの開発に携わっている研究者やエンジニアの人たちはそのような解を求めることを目標に努力していますが、金型を使った成形をシミュレートするために考慮しなければならないパラメータの数は膨大なうえに複雑にからみあっているため、このような定量的な解を正しく求めることはほとんど不可能です。しかし、現在のCAEは成形不良の有無や不良が生じる箇所などは実際の現象に近い解が得られるレベルにあります。検討の対象となる成形不良に関係するパラメータを入力して定性的な解を求め、その結果をもとに成形条件を検討するという取り組み方が現実的です。

　解析結果を実際の現象に近づけるためには、パラメータの設定などに知識と経験が必要ですが、CAEのアルゴリズムの改良やデータベースの充実が進むことで、解析の精度は向上していくと考えられます。

5-4 積層造形法

・ラピッドプロトタイピング　・アディティブマニュファクチャリング

いまでは一般の人にも広く知られるようになった３Ｄプリンタは、製造業で広く利用されています。金型の生産においても、金型の試作や簡易金型の製作など、様々な場面で活躍しています。

ラピッドプロトタイピング

３次元CADやCAEの普及によって、製品の形や性能をコンピュータのディスプレイ上で確認できるようになりました。とはいえ、やはり試作品を作ってそれを手にとり、概観や組み立て性などを確認できれば、それに越したことはありません。

ラピッドプロトタイピングは英語でRapid Prototypingとつづり、２つの単語の頭文字をとった略語「**RP**」から「アール・ピー」とよばれることがあります。日本語では「迅速試作」と訳されます。この日本語訳のとおり、正式には設計段階で必要な試作品を迅速に製作する方法や装置のことを意味していますが、その代表的なものが**積層造形**と呼ばれる方法によるものです。

積層造形法は、任意の３次元形状を薄い板を積み重ねたものとみなして、目的の形状を高さ方向に一定間隔でスライスして得られる２次元の断面形状を作製し、何らかの方法で上下の層と接合することで３次元形状を作製するものです。３次元CADのデータがあれば、ほとんど自動的に立体モデルを作製できるようになったため、ラピッドプロトタイピングの手段として広く利用されるようになりました。

切削工具などを用いた従来の機械加工による立体の製作方法と比較してみると、積層造形法は以下のような利点を持っています。

❶短時間かつ経済的に、必要なモデルを作製できます。
❷自由曲面やアンダーカットなどの複雑な構造を持つ形状を簡単に作成できます。
❸自動化が進んでいるため、装置を操作するための特別な知識や熟練が不要です。
❹工具磨耗、騒音、振動、切削屑などが生じません。

積層造形法の種類

　使用する材料や断面形状の作製方法などによって、さまざまな積層造形装置が開発されています。

　積層造形法の中で最初に開発されて広く普及しているのが、紫外光を照射すると硬化して固体になる**光硬化性樹脂**を使用した**光造形法**です。レーザなどの光源から集光したスポット光を樹脂の表面に照射して硬化させ、断面形状を作製していきます。

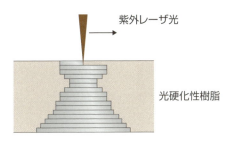

　熱可塑性樹脂を使用する装置としては、溶融樹脂をノズルの先端から押出しながら造形する**樹脂押出し法**と、インクジェットプリンタのように溶融樹脂を吐出する**インクジェット滴下法**の2種類があります。

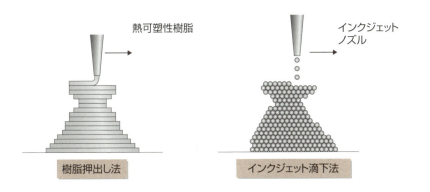

粉末材料をレーザで焼結させる**粉末焼結法**は、粉末材料として樹脂や金属などを利用できます。また、粉末材料にインクジェットノズルから接着剤の粒を滴下して硬化させる装置もあります。

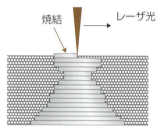

粉末焼結法

カッタやレーザなどで紙を切断して断面形状を作り、各層を接着して立体を成形する**切断シート積層法**あという方法もあります。紙を材料とすることの利点として、まず軽いこと、さらに燃やせるなどの処分の容易さをあげることができます。

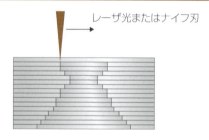

切断シート積層法

アディティブマニュファクチャリングへ

積層造形法の利用は、形状確認や機能評価のための試作を目的としてスタートしましたが、材料を付加・付着する製造方法であることから、現在では**アディティブマニュファクチャリング**（Additive Manufacturing）という呼称が一般的になっています。最近では実際に使うことのできる部品や、従来の工法では製作することができない理想的な3次元冷却水管を持つ金型の作製も可能となりました。

3次元冷却水管を持つ金型

▼キャビティ側（可動側）のCADモデル

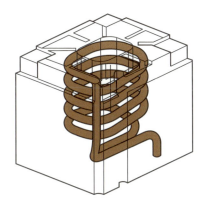

▼コア側（固定側）のCADモデル

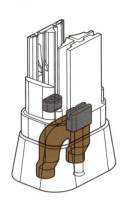

▼金属積層造形法で製作された金型

提供：松浦機械製作所

5-5 コンカレント・エンジニアリング

・コンカレント・エンジニアリング　・サイマルテニアス・エンジニアリング

開発期間の短縮は、製造業の永遠の課題です。CADを導入して使うだけではなく、CADを使った作業の考え方や取り組み方にも工夫が必要です。

コンカレント・エンジニアリングとは

コンカレント・エンジニアリングは、英語でConcurrent Engineeringとつづり、2つの単語の頭文字をとった略語の「**CE**」から「シー・イー」とよばれることもあります。concurrentという単語には、「同時」とか「協調」という意味があります。**サイマルテニアス・エンジニアリング**（Simultaneous Engineering）とよばれることもあります。simultaneousも「同時」という意味です。

コンカレント・エンジニアリングの利点

従来の設計では、企画、構想設計、詳細設計、解析、試作などのすべての作業が時系列で流れていました。各作業の担当者は、その前の作業が終わるまで何もすることができませんでした。結果として、設計作業全体の期間は長くなります。

コンカレント・エンジニアリングは、CADやデータベースによってデジタル化および一元化された情報と、各部門の情報を共有するためのシステムやネットワークなどのインフラを利用することによって、設計から生産準備までのさまざまな作業を同時並行して進め、生産までの開発期間を短くする開発手法です。可読性の高い良質なデータを運用することによって伝達される情報の精度が向上し、試作回数が減るなど開発期間を総合的に縮小することができます。

例えば、従来の自動車の新車開発では3年程度の開発期間が見込まれていましたが、現在の日本の自動車の開発期間はコンカレント・エンジニアリングの手法を利用することによって1年を切るようになってきました。コンカレント・エンジニアリングによって設計された製品の部品を量産する金型の設計にも、必然的にコンカレント・エンジニアリングが利用されています。

コンカレント・エンジニアリング 5-5

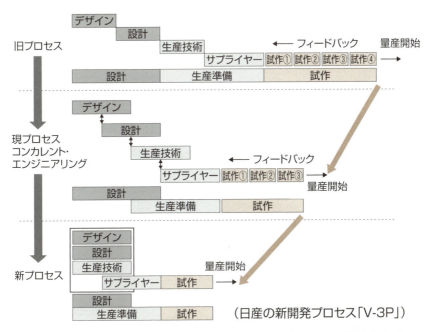

自動車製造における設計期間の変化

（日産の新開発プロセス「V-3P」）

『日経ものづくり』2005年7月号を参考に作成

COLUMN　医療分野での活躍が期待されるRP

　現在、RP技術で作られる3次元モデルの医療分野への応用が急速に進んでいます。医療用3次元モデルの作成には、CTあるいはMRIスキャナで人体の断面形状を一定間隔で正確に撮影したものを利用します。これらのスキャンデータは、各積層造形法で必要となる造形対象物のスライスデータとしてそのまま流用できるのです。

　医療用積層造形モデルは、学習用標本の作製などの一般的な用途にとどまらず、実際の患者のスキャンデータから作製した骨格、臓器、血管などの3次元立体モデルを使用した手術前のシミュレーションやリハーサル、患者個人ごとにカスタマイズが必要なインプラント、ステント、矯正器具のデザインなどに幅広く利用されています。

COLUMN　バーチャル・マニュファクチャリング

　コンピュータ内に仮想的に設定した空間で、製品の設計・製造・検査などを行う技術のことを**仮想生産**あるいは**バーチャル・マニュファクチャリング**とよびます。

　まず、工場の設備や装置、作業者、製品などの生産に関わるすべてのものを可能な限りコンピュータの中に再現します。実際の生産を行う前に、この生産システムのモデルを用いて仮想空間で生産のシミュレーションを行います。試行錯誤しながらモデルを練り上げていくことによってシミュレーションの精度が向上し、最終的にシミュレーションの段階で生産システムの問題点を見つけることができるようになります。生産における組み立て作業性、生産ライン設備との整合性、工作機械・ロボット・作業者の配置や動作の違いによる生産の成立性や作業性などについても検討できるため、実際の生産ラインを構築するためのコストの大幅な削減が可能となります。

　しかし、満足できるシミュレーション結果を得るためには、考えられるすべての項目を妥協することなくモデル化するための熱意と努力が不可欠です。このようなバーチャル化技術を疑問視する意見も多く聞かれますが、日本国内のすべての自動車メーカーがこのバーチャル・マニュファクチャリング技術を導入して大きな成果をあげているという事実を否定することはできません。

▼バーチャル工場（提供：DELMIA社）

5-6 ソフトウェアツールを利用した射出成形金型の設計

・充填解析 ・自動検出 ・配置検討

　金型の高機能化や複雑化が進んだため、その設計を支援するには一般的なCAD/CAEソフトウェアの汎用的な機能では力不足になりました。現在では、金型設計専用のCAD/CAEソフトウェアがいくつか市販されています。

簡易的な充填解析

　製品のCAD情報を利用してキャビティ部分を定義して、ゲートの位置や個数、射出条件などを変えながら、プラスチック材料が確実に充填されるかどうかといった成形の妥当性や、ウェルドライン、エアトラップ、ヒケなど、発生が予想される成形不良について検討します。

さまざまな充填解析

❶充填確実性　❷ウェルドライン　❸エアトラップ　❹ヒケ

出典：構造計画研究所「Moldflow Plastics Advisers」

収縮を考慮した寸法・形状の修正

プラスチックは射出後に冷却されると収縮します。つまり、目的の大きさのままのCADデータを使って金型を作ると、その金型で生産されたプラスチック製品は、目的のものより小さくなってしまうのです。そのため、最初のCADデータに微小の伸び尺を加えます。

次の図は、CAEのコマンドで伸び尺を考慮して形状を拡大するために、X, Y, Zの各軸方向に1.005倍するというパラメータを入力したところです。

伸び尺の付加

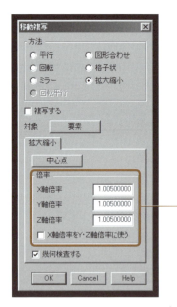

入力したパラメータ。各軸方向に1.005倍することを意味する。

出典：日本ユニシス「CADCEUS CM-MoldDesign」

抜き勾配を付加する部分の自動抽出と設定

製品を設計する段階では射出成形のための抜き勾配を考慮していないため、勾配がついていない箇所がないかCADデータを利用してチェックし、必要な箇所には抜き勾配を付けて形状を修正します。

パーティングラインの検討と型割

　製品を分割するパーティングラインをどこにするか検討して金型を分割するPL面を作成し、キャビティとコアを設定します。

パーティング面の決定と型割

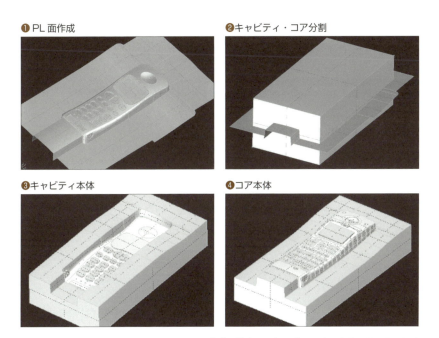

❶ PL面作成　　❷ キャビティ・コア分割
❸ キャビティ本体　　❹ コア本体

出典：日本ユニシス「CADCEUS CM-MoldDesign」

アンダーカット部の自動抽出と修正

　アンダーカット処理が必要な箇所がないかチェックし、必要な部分に対してスライド駒や傾斜ピンなどを設定します。スライドやピンの動きなどもシミュレーションを実行して画面上で確認することができます。

5-6 ソフトウェアツールを利用した射出成形金型の設計

アンダーカット処理

❶アンダーカット部の自動抽出

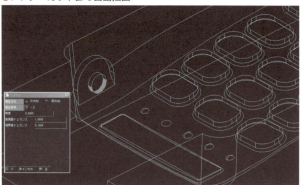

❷スライド駒の分割

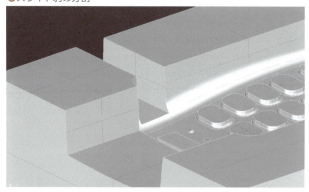

❸傾斜ピンによる処理

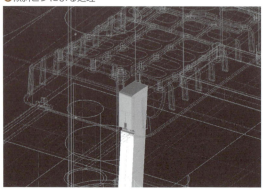

❹傾斜ピンの配置

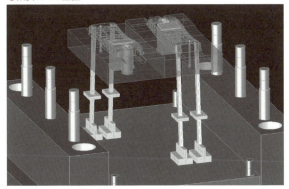

❺アンギュラピンの配置

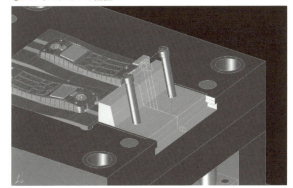

出典：日本ユニシス「CADCEUS CM-MoldDesign」

機構や部品の配置位置の検討

　ランナーシステムやエジェクタピンなどの配置位置を、ほかの部品との干渉などを考えながらモデル上で検討します。

　ピンやブッシュなどのよく使われる共通部品は、あらかじめ大まかな形を定義した3次元のモデルがライブラリとして用意されています。作業者はこれらの部品を呼び出して、必要ならば修正を加え、配置するだけでよいのです。ライブラリの内容は共通部品メーカーの協力によって常に最新のものに更新されます。

部品の配置位置の検討

❶ランナーの作成

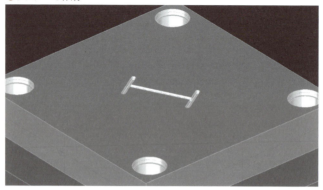

❷ゲートの作成

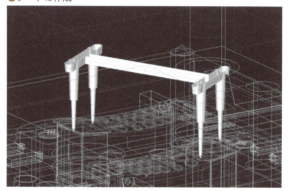

❸コアピン作成

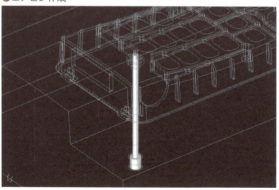

❹エジェクタピンの配置（1）

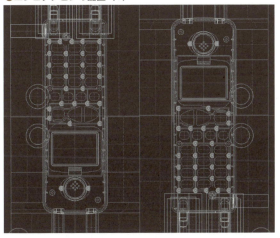

❺エジェクタピンの配置（2）

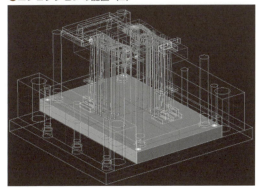

出典：日本ユニシス「CADCEUS CM-MoldDesign」

冷却水管の配置検討と成形シミュレーション

　適切に冷却されるかどうかシミュレーションにより確認しながら、モデル上に冷却水管を配置していきます。ほかの部品との干渉などの不具合が見つかれば、水管や部品の位置を移動させて対応します。

　樹脂充填の過程だけでなく、保圧過程、固化・冷却過程、型取り出し後に生じるソリやヒケなどの変形の過程など、非常に高度なシミュレーション機能が実装されています。

冷却水管の検討

❶水管の配置

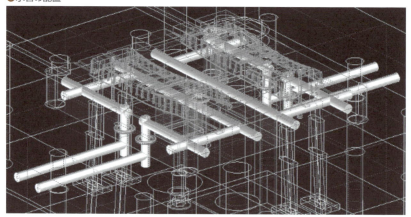

❷冷却範囲の確認

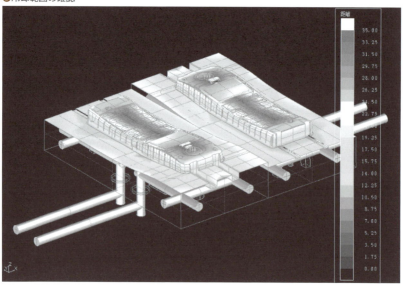

出典：日本ユニシス「CADCEUS CM-MoldDesign」

金型作製手順の検討

そろった部品を画面上で組み立て、構造が妥当かどうか確認します。

画面上で組み立てられた金型

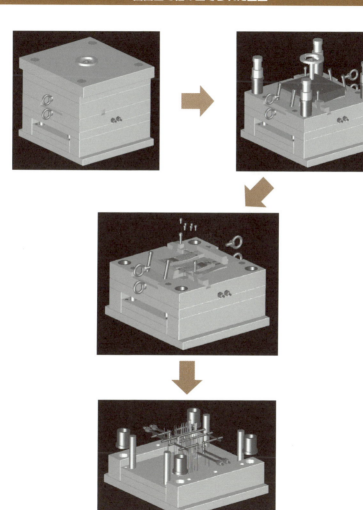

出典：日本ユニシス「CADCEUS CM-MoldDesign」

図面の出力

最後に、作成した3次元モデルを2次元図面として出力します。金型全体の組立図だけでなく、部品ごとの図面も出力されます。これらの図面と3次元CADモデルをもとに、金型の製作が検討されます。

出力された図面

❶組立図

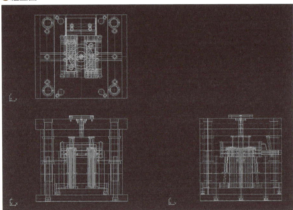

❷部品の図面

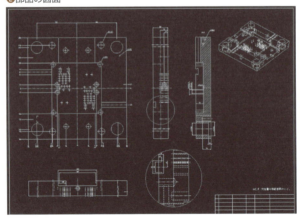

出典：日本ユニシス「CADCEUS CM-MoldDesign」

Chapter 6

金型の加工

金型の製造では、ピンや冷却管などが通る穴から、マークや文字の刻印といった細かいもの、キャビティなどの製品を成形する部分の複雑な3次元形状など、さまざまな金属加工が必要となります。その過程では、さまざまな機械やソフトウェアが利用されています。

6-1 金型に使われる鋼材

●熱処理　●工具鋼鋼材　●超硬合金

　金型に使われている鋼材はさまざまで、使用される部分で必要となる強度などによって使い分けられています。また、鋼材に熱処理や表面処理を施して材質を向上させたものを使用することもあります。

一般構造用圧延鋼材（SS材）

　建物、橋、船舶、車両などの一般的な構造物に用いられている鋼材です。安価で入手が容易であることから、いろいろなところで利用されています。表面に小さな気孔などの欠陥が生じやすいのが欠点です。比較的やわらかいのでプレートなど強度や硬度をそれほど必要としない部品に使用します。

機械構造用炭素鋼（S-C材）

　炭素（C）を添加した構造用鋼材で、含まれる炭素の濃度によって性能が変わり、一般に炭素濃度が高いほど硬くなります。鋼材の名前のSとCの間の数字は炭素濃度の代表値を表していて、「S45C」の場合は炭素濃度が0.42～0.48%であることを意味します。金型では「焼ならし」だけ施したり、焼ならしの後に「焼入れ」と「焼もどし」を施したりするなど、いろいろな熱処理をして使われます。

　焼入れは、鋼材を高温で加熱した後に水や油で急冷する熱処理です。鋼材の硬さを増すことが目的ですが、鋼材の炭素濃度が0.3%以下または0.6%以上の場合は、あまり効果はありません。

　焼もどしは、焼入れした後の鋼材をもう一度加熱して冷却する熱処理です。硬くなった一方で脆くもなった鋼材に粘り強さを与えることを目的としています。

　焼なましは、適当な温度まで鋼材を加熱し、適当な時間温度を保持した後、適当な速度で冷却する熱処理です。鋼材の結晶組織の調整や、加工や焼入れによって生じた内部ひずみの除去などを目的としています。目的に応じて加熱温度や冷却速度を調整します。

焼ならしは、焼なましと同様に鋼を加熱・冷却する処理ですが、冷却は空冷によって行います。

S35CからS45Cまでは、金型の一般的な付属部品、各種プレート、スプルーブッシュなどに多く使われます。S55Cは、焼入れした後に焼もどしをして加工性などを向上させたもので、標準的な金型材料の一つとして使用されています。

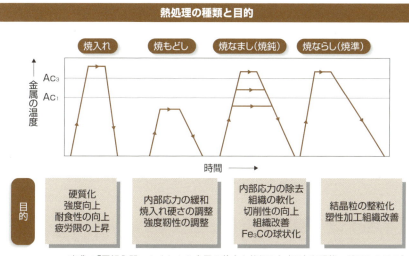

出典：『図解入門　よくわかる金属の基本と仕組み』（田中和明著、秀和システム）

炭素工具鋼鋼材（SK材）

工具鋼は大量の炭素を含む鋼で、焼なましで結晶組織を調整した後、焼入れ・焼もどしを施すことによって硬度をHRC＊50〜60程度にまで向上させたものです。JISではSKという記号で分類されていますが、これは「Steel, Kougu（工具）」の頭文字を取ったものです。代表的な鋼種としてSK1〜SK5があり、炭素含有量が少ないほど番号が大きくなります。

硬さと耐摩耗性に優れ、金属加工で使う刃物などに用いられます。金型では、スライドする部分などで使うために硬さと耐摩耗性が要求されるガイドピン、ガイドブッシュ、リターンピンなどの部品に使われています。

＊HCR　　硬さの表示方法の一つ。ロックウェル硬さCスケール。先端の曲率半径0.2mm、円錐角120°のダイヤモンド製の圧子を1471ニュートンで測定物に押付けたときの押込み深さを測定して硬さを表す。

合金工具鋼鋼材（SKS、SKD、SKT材）

炭素工具鋼にニッケル、クロム、モリブデン、タングステン、バナジウム、コバルトなどを加えて焼入れし、焼入れ性、耐磨耗性、耐衝撃性、耐熱性、快削性などの性能を高めたものです。硬度はHRC55～60にもなります。金型ではSK材よりも硬度や耐磨耗性が要求される射出成形金型のキャビティやコア、プレス金型のパンチやダイなどに使用されています。

主な合金工具鋼鋼材の分類と用途

用途	分類	代表的な鋼材	備考
切削工具用	SKS材	SKS2	SはSpecialを意味する
耐衝撃工具用		SKS4	
冷間金型用	SKD材	SKD11	Dは金型のDieを意味する
熱間金型用		SKD61	
鍛造用	SKT材	SKT4	Tは鍛造を意味する

高速度工具鋼鋼材（SKH材）

SK材より高速で金属材料を切削するための工具の材料として開発された鋼です。英語ではhigh-speed tool steelと綴り、この読みの「ハイスピード・スチール」を縮めた**ハイス**という呼称が日本では一般的になっています。HRC64以上の硬度があり、金型ではプレス用の刃物やパンチ、コアピン、エジェクタピンなどの強度が必要とされる部品に使われています。代表的なものにSKH51があります。

超硬合金

炭化タングステン（WC、タングステン・カーバイド）と結合剤（バインダ）としてコバルト（Co）を混合したものを焼結してできる合金です。単に**超硬**ともよばれ、これを利用した**超硬工具**は金型加工では日常的に使われています。金型の材料の中では最も耐摩耗性が高いものです。

6-2 金型を加工する工作機械

・工作機械　・旋盤　・フライス盤　・研削盤

　金型などの製品を構成する金属部品は、素材を削ったり、穴をあけたりして作らなければなりません。このような加工のほとんどは工作機械によって行われています。ここでは、金型の加工に利用されている工作機械と加工方法について説明します。

工作機械とは

　日本工業規格（JIS）では、**工作機械**を次のように定義しています。

「通常、狭義に解釈し、主として金属の工作物を切削、研削などによって、または電気その他のエネルギーを利用して不要部を取除き、所要の形状に作り上げる機械。ただし、使用中機械を手で保持したり、マグネットスタンドなどによって固定するものを除く」

　つまり、日曜大工などで手に持って使うハンドドリルやグラインダなどは工作機械に含まれません。

　工作機械の主な用途は金属の加工ですが、プラスチック、ガラス、石材などの非金属材料の加工にも使用されています。ただし、木材を専門に加工する機械は**木工機械**として区別されています。

　手動の工具（tool）を機械化していったものという意味からか、工作機械は英語でmachine toolとつづります。また、「機械を作る機械」という意味からmother machine（**マザーマシン**、機械の母）ともよばれます。ちなみに、「ものを作る工具」ともいえる金型は**マザーツール**とよばれています。

　工作機械は、金型産業だけに限らず「すべての産業の基礎」であり、その工作機械自体も高精度・高速化のために常に最新の技術を利用した「あらゆる産業の結晶」です。

6-2 金型を加工する工作機械

🔧 旋盤

　旋盤は、工作機械の中でも数多く利用されている代表的な機種の一つです。回転する主軸に円筒あるいは円盤の形をした材料を取り付けて回し、それに**バイト**とよばれる刃物を当てて材料を削ります。外丸削り、面削り、テーパ削り、中ぐり、穴あけ、ねじ切りなどのさまざまな加工をすることができます。

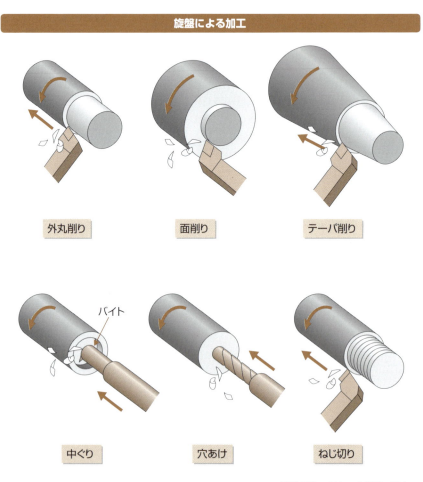

旋盤による加工

外丸削り　面削り　テーパ削り

中ぐり　穴あけ　ねじ切り

資料提供：日本工作機械工業会

ボール盤

ボール盤は、穴を加工するための工作機械です。主軸にドリルやリーマなどの工具を取り付けて回転させて加工します。**リーマ**は、ドリルなどであけられた穴を大きくしたり、穴の内面をなめらかで精度のよいものにしたりする工具です。タップを使って穴の内面にねじを切ることもできます。

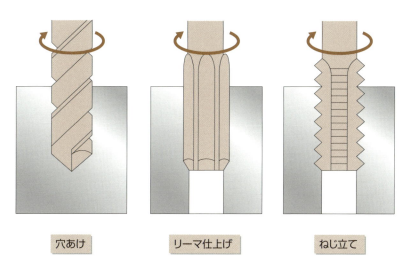

ボール盤による加工

穴あけ　　　リーマ仕上げ　　　ねじ立て

資料提供：日本工作機械工業会

中ぐり盤

中ぐり盤は、ドリルなどであけた穴を広げたり、より精度よく所定の寸法に仕上げたりする**中ぐり加工**をするための工作機械です。バイトを使った加工のほかに、ドリル加工やフライス加工もできます。

中ぐり盤による加工

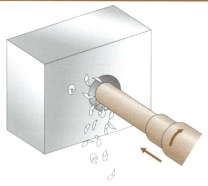

資料提供：日本工作機械工業会

 フライス盤

　フライス盤は、テーブルに固定した材料に主軸に取り付けられて回転している**フライス**とよばれる工具を当てて加工する工作機械です。フライス工具としては正面フライス、エンドミル、溝フライスなどがあり、これらの工具を目的形状に合わせて使い分けることによってさまざまな加工ができます。ドリルを使って穴を加工することもできるなど、ボール盤や中ぐり盤で行う加工も可能で、非常に汎用性の高い工作機械です。

フライスによる加工

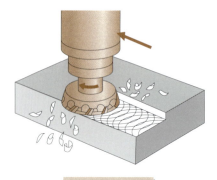 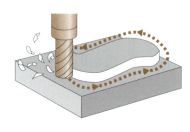

正面フライス削り　　　　　エンドミル削り

6-2 金型を加工する工作機械

みぞ削り

資料提供：日本工作機械工業会

エンドミルはフライスの一種で、ドリルによく似た形をしていますが、ドリルは軸方向下に送って穴をあける工具なのに対して、エンドミルは軸に直交する方向に送りながら側面や先端の刃で材料を削り取る工具です。自由曲面などの複雑な3次元形状を加工するときは、工具が回転したときに先端の刃の軌跡が球状になる**ボールエンドミル**が用いられ、金型の加工でも多用されています。

さまざまなエンドミル

資料提供：オーエスジー

研削盤

研削盤は、刃物の代わりに砥石を使って加工する工作機械です。当初はバイトやフライスなどの刃物では削れないような硬い材料を微小量ずつ除去して加工することが目的でしたが、普通の硬さの材料に対しても、旋盤やフライス盤などで前加工した後、さらに精度の高いものにするための精密仕上げにも使われます。

研削には、円筒状の工作物の外周面を仕上げる**円筒研削**、砥石の側面や正面を使って平面を仕上げる**平面研削**、丸い穴の内側を仕上げる**内面研削**などがあり、用途によって使い分けます。

研削盤による加工

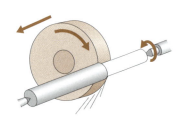

円筒研削

平面研削(角テーブル形)

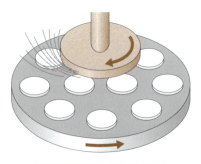

平面研削(回転テーブル形)

内面研削

資料提供:日本工作機械工業会

6-3 NC工作機械

- CNC
- マシニングセンタ
- ターニングセンタ

　同じ製品を複数作る必要があるとき、人手による作業では作業者の技能によって精度や作業時間にばらつきが生じやすく、一定の品質を維持することが難しくなります。そのため、工作機械を制御する技術が発達してきました。

NCとは

　NCはNumerical Controlの略語で、「エヌ・シー」と読みます。日本語では**数値制御**を意味します。数値制御とは、機械の動作を数値情報で指令する制御方式のことです。工作機械を制御するための数値情報としては、工具や工作物の位置、工具と工作物の相対速度、主軸の回転速度などの機械自体の動きを制御するもののほかに、機械に付属する装置の動きを制御するものも含まれます。

　NCで制御される**NC工作機械**を利用する利点としては、次の通りです。

❶プログラムした動作を事前に確認できるため、確実な加工が行えます。
❷同じものが同じように（時間、方法、精度）何個でも作れます。
❸生産の自動化さらには無人化を実現できます。夜間の無人運転も可能です。
❹ばらつきのない高い水準の品質を維持することができます。

NCからCNCへ

　初期のNC加工では、紙テープあるいはパンチカードにあけられた穴で表現された動作プログラムを機械が読み取って加工していましたが、現在では、電子ファイルに記述された動作プログラムを解釈するためのコンピュータと組み合わせた**CNC**（Computerized Numerical Control）が主流となっています。単にNC工作機械とよんだ場合は、CNC工作機械を意味していると考えられます。CNC工作機械を利用する場合、**NCプログラム**とよばれるプログラム言語で書かれた動作データを機械のNC装置に入力して運転するのが一般的です。

マシニングセンタ

マシニングセンタはMachining Centerとつづり、2つの単語の頭文字をとった略語のMCから「エム・シー」ともよばれます。フライス削りを中心に、中ぐり、穴あけ、ねじ立て、リーマ通しなどの多彩な加工を一台で行うことのできる、現在最も生産、利用されているNC工作機械です。

JISではマシニングセンタのことを「主として回転工具を使用し、工具の自動交換機能を備え、工作物の取付け替えなしに、多種類の加工を行う数値制御工作機械」と定義*しています。つまり、プログラムに従って自動で工具を交換する**自動工具交換装置**（**ATC**：Automatic Tools Changer）を装備していなければ、マシニングセンタとはよべないということです。まさに自動運転を前提とした工作機械といえるでしょう。

長時間自動で運転するために、切削油の供給や切りくずの排出などを行う周辺装置も充実しています。

マシニングセンタの構造

▲カバー付き

▲カバーなし

提供：牧野フライス製作所

*…と定義 「JIS B0105 工作機械—名称に関する用語」より引用。

ターニングセンタ

　旋盤にNC装置を取り付け、刃物の移動距離や送り速度を数値で指示できるようにした**NC旋盤**に回転工具を取り付けられる主軸を搭載して、旋削だけでなくフライス削りやドリル加工などもできるようにしたものが**ターニングセンタ**です。現在では、ほとんどのターニングセンタがマシニングセンタと同じようにATCを搭載しており、自動工具交換が可能となっています。最も複合的な加工ができるNC工作機械として広く利用されています。

ターニングセンタの構造

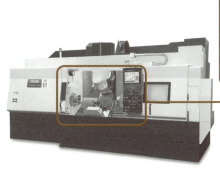
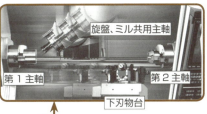

提供：ヤマザキマザック

ターニングセンタによる加工

▲旋削加工

▲フライス加工

提供：ヤマザキマザック

6-4 放電加工

・型彫り放電加工　・ワイヤ放電加工

切削や研削では対応できない材料や形を加工するために、いろいろな特殊加工が利用されています。金型の製造で最も活躍している特殊加工が放電加工です。ここでは、加工の原理と加工方法について簡単に説明します。

放電加工とは

　放電加工は、英語でElectrical Discharge Machiningとつづり、3つの単語の頭文字をとった略語の**EDM**から「イー・ディー・エム」とよばれることがあります。

　放電加工は、油などの絶縁体の液体の中で数十μmの微小な距離を隔てて、電極とよばれる工具と通電性のある被加工物との間にパルス状にアーク放電を発生させます。1つのパルスで放電が生じるのは1点だけですが、毎秒数千から数万という数で放電しているので、加工面全体で同時に多数の放電が生じているように見えます。

　アークの中心部で6,000〜7,000K*という高温に達するため、放電点では工作物は短時間で溶融・蒸発して微小な放電痕が成形されます。加工で出た屑は液体に接して再凝固し、微小な球になって加工液とともに隙間から排出されます。

　放電加工の利点としては、以下のようなものをあげることができます。

❶刃物では加工が困難な硬い金属などの材料を加工することができます。
❷回転工具では加工が困難な隅部や細溝、深穴、複雑形状などを加工することができます。
❸加工のときの反力が小さいので、被加工物が薄くても変形しません。

　放電加工は、大きく**形彫り放電加工**と**ワイヤ放電加工**の2種類に分けられます。

＊K　ケルビン。絶対温度の単位。

放電加工 6-4

放電加工の原理

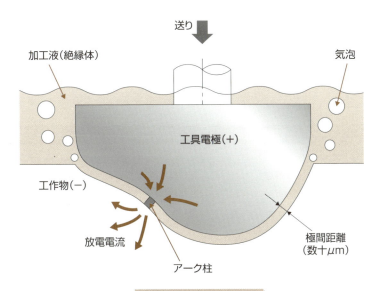

放電点は1か所だけである

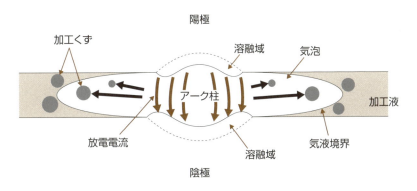

単発放電現象

資料提供：東京農工大学・国枝正典教授

形彫り放電加工

　形彫り放電加工は、銅や黒鉛（グラファイト）で作られた電極の形を被加工物に転写する加工です。角隅や細溝、深穴などの複雑な凹形状を持つ金型の場合、目標の形と逆の凸形状の加工の方が簡単な場合があります。電極を作らなくてはならず、二度手間と思えるかもしれませんが、それでも加工時間やコストなどを総合的に考えると、放電加工で加工した方が有利なことも多いのです。

形彫り放電加工による金型の加工

▲電極

▲加工された金型

提供：牧野フライス製作所

シューズ底のゴム金型の電極

提供：牧野フライス製作所

ワイヤ放電加工

ワイヤ放電加工は、真鍮やタングステンで作られた細いワイヤを電極として、糸鋸盤のように複雑な形を切り抜く加工です。ワイヤはボビンから一定の速さで供給され、上下のワイヤガイドで保持されています。ワイヤガイドの相対位置を適切に制御してテーパや上下異形状などを加工することも可能です。

ワイヤ放電加工

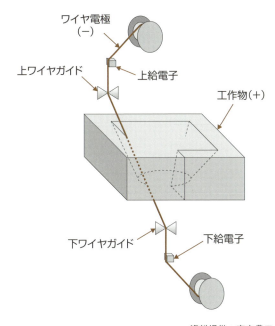

資料提供：東京農工大学・国枝正典教授

金型の製造で活躍する放電加工

放電加工の欠点は、被加工物が導体＊でなければ適用できないことと、加工速度が遅いことです。つまり、同じものをたくさん作るということには向いていません。とにかく1つ、1回だけできればいいというような付加価値の高い製品の加工に使われています。金型の加工で多用されているのは必然的なことなのです。

＊**導体** 電気を通す材質。

6-5 CAMによる加工データの作成

•CAM •CAD/CAM

　設計工程だけでなく、実際の加工にもいろいろなデータが必要になります。例えば、NC工作機械で加工するためには、適切な動作をプログラムしたNCデータが必要です。このようなデータはどのように作られているのでしょうか。

CAMとは

　CAM（Computer Aided Manufacturing）は「キャム」あるいは「シー・エー・エム」とよばれ、正式には高精度化や自動化など生産の向上を支援することを目的としたコンピュータを応用した取り組み、あるいは、そのために利用されるソフトウェアやシステムのことを指すものとされています。

　しかし、現在の製造業におけるCAMという言葉は、NC工作機械を動かすためのNCデータの作成など、製品の生産に必要となるさまざまな情報の準備をコンピュータ上で行うためのソフトウェアを意味することがほとんどです。最近では、CADで作成した形状データを入力データとして利用するCAMが多いことから、CAD機能を統合したものも多く、**CAD/CAM**（キャド・キャム）とよばれます。

　それぞれの金型メーカーが目的の加工に対応できるCAMソフトウェアを購入して使っていますが、一つのソフトウェアでは必要なすべての加工を網羅できないことが多いため、複数のCAMソフトウェアを導入して併用するのが一般的です。

CAMによって計算された工具経路

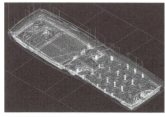
▲仕上げ加工

▲隅部の加工

提供：牧野フライス製作所

金属加工の様子

▲荒加工

▲仕上げ加工

提供：牧野フライス製作所

加工された金属

▲全体

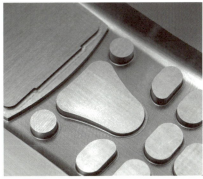

▲一部拡大

提供：牧野フライス製作所

6-6 仕上げと組立

・仕上げ　・みがき　・組立

　加工されてきた金型部品は、そのままの状態で組み立ててすぐに使えるものではありません。組み立ての前に細かい調整が必要です。機械でできるものもありますが、ほとんどは手作業で行われています。

仕上げ

　工作機械などで切削加工や研削加工を施した部品の端面には必ず**バリ**が生じます。バリは、以後の作業でけがの原因となります。また、金型を組み立てるときにバリがかみこんだりすると、金型全体の精度が悪化します。そのため、徹底的に除去しなければなりません。バリ取りには、やすり、紙やすり、ラッパーなどが使われます。

みがき

　工具の刃や砥石によって削られた面には筋状の凹凸が残っています。これらの凹凸を除去するために**みがき**を行います。

　射出成形金型やダイカスト金型では、材料が充填されるキャビティの面の状態が製品の表面に転写されるため品質に直結します。透明なプラスチック製品の場合、キャビティの部分を鏡のようにみがきあげなければ成形品は透明にならず、特にプラスチックレンズなどは使い物になりません。透明でない普通の製品の場合でも、面が粗いと材料が流れにくくなってさまざまな成形不良の原因になります。

　プレス金型の場合も、材料と接触する面をなめらかにして摩擦抵抗を小さくすれば、焼付きなどの不良防止や成形精度の向上などの効果が期待できます。

　一品物で複雑な形をしている金型のみがき作業は、作業者の技能に依存する部分が多いため自動化が難しく、自動車のルーフやボンネットなど曲率の小さい広い曲面のもの以外は、ほとんど手作業で行われています。難しい金型では1日で研磨できる面積が10平方センチメートルだけということも少なくありません。熟練の職人が自分専用の道具を工夫しながら、隅々までていねいに磨いています。

みがき作業の様子

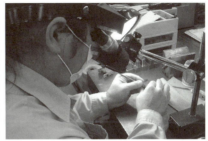

提供：長津製作所

組立作業

　金型はたくさんの部品を組み合わせて構成されています。これらの部品を組み付けただけでそのまま生産に使えるということはめったにありません。誤差の全くない加工などは不可能で、小さな誤差が重なると大きな誤差となり、金型の合わせ面に隙間やがたが生じてしまいます。射出成形の場合、成形の際に隙間から樹脂が漏れると、固化したときにバリになってしまいます。このようなことのないように、加工された各部品をやすりなどで寸法を調整しながら金型を組み立てます。金型のあわせ面に色のついた塗料を塗って金型の凸凹のあたりを確認し、合わないところはやすりなどを使って調整します。

組み立て作業の様子

提供：長津製作所

試し加工（トライアウト）

　組みあがった金型を使って成形のテストを行います。最終的には、実際の生産につかう成形機に金型をとりつけ、本来の稼働状態で製品を試作します。成形された試作品は検査室に持ち込まれ、寸法精度の確認が綿密に行われます。

　以上のように金型の製作工程は、加工、測定、確認、というトライアルを常に行いながら、より完全なものを目指していく行為の積み重ねといえます。

検査して出荷

　最後に、所定の箇所の位置や長さを精密に測定し、基準をクリアしているかどうか検査します。すべてのチェック項目をクリアして、金型は出荷されていくのです。このとき、納品される金型が要求したとおりの機能や精度を備えているかどうか、ユーザーが検査することがあります。この検査を**検収**とよぶこともあります。例えば大きなプレス金型などは、成形に使うプレス機械を換えただけで全体としての特性が変化して別の問題が出てくることがあるため、ユーザーの工場まで出向いて実機でテストし、必要があれば調整などの作業をするのが一般的です。

出荷される金型

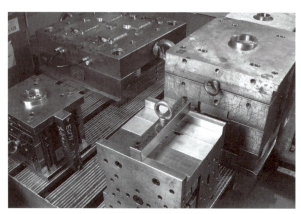

提供：長津製作所

Chapter 7

自動車に見る金型成形あれこれ

　自動車は2万〜3万点の部品で構成されています。そして、それらの部品のほとんどが、金型を使って大量生産されています。素材や加工方法も多種多様ですから、自動車を構成するすべての部品の製造方法を調べていけば、金型を利用した成形方法のほとんどを網羅することができます。
　これまで見てきた内容の応用編として、自動車と金型の関係について見ていきましょう。

7-1 車体―ボディ、エクステリア、インテリア

・ボディ　・ランプ　・インパネ

ここでは車体を、ボディ本体、外装（エクステリア）、内装（インテリア）に分類して考えてみましょう。

ボディ

ボディ本体の外板（アウターパネル）および内側（インナーパネル）、床材（フロアパネル）、ドア、ボンネットなどのパネル部品は、適切なサイズに切断された鋼板からプレス加工で成形されます。現在のバンパはプラスチックでできているものが多く、射出成形で作られます。

サイドメンバインナのプレス工程

❶素材

厚さと材質の違う4枚のシートを互いに付き合わせ、レーザで溶接する。不要な部分はこの状態で打ち抜かれる。

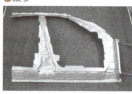

❷絞り

全体の大まかな形状を成形する。

❸外形穴抜

全周の抜き取りと同時に穴抜加工する。

❹ピアスナット

穴あけと同時にナットを鋼板に固定する。

❺寄せ穴抜

垂直方向から加工できない部分に対して、カム機構を使って水平方向から寄せると同時に穴抜加工を行う。

提供：トヨタグループ産業技術記念館

自動車部品プレス加工用金型の製作

▲加工の様子

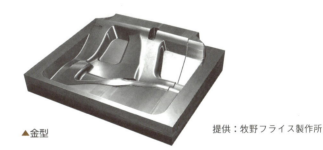

▲金型

提供：牧野フライス製作所

　クロスメンバ、センタメンバ、サブフレームなど、車の部分的な骨格となるパイプ状の部品は、**ハイドロフォーミング**という方法で成形されています。金型にセットしたパイプの内側に液体を満たして高い圧力を加え、パイプ外面を型に倣わせて所望の形に成形します。同時にパイプ両端から軸圧縮力を加えることで、板厚の減少が少ない製品を作ることができます。ハイドロフォーミングは、複雑な形を一体成形できることや、スプリングバックが小さいことなどの利点が注目されるようになり、その応用分野が広がりつつあります。

7-1 車体—ボディ、エクステリア、インテリア

ハイドロフォーミングで成形される自動車部品

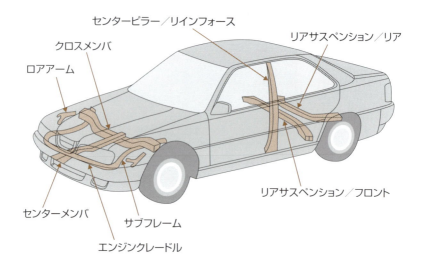

軸圧縮ハイドロフォーミングの加工例

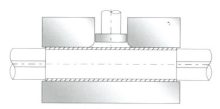

金型をパイプにセット

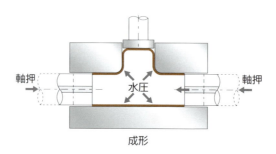

成形

外装—1つの金型で3色に成形されるテールランプ

　自動車の外装品としては、ヘッドランプやリアランプなどのランプ、ミラー、ワイパーなどがあげられます。

　中でも、テールランプのレンズの成形には工夫が必要です。テールランプの役割は、他の車や歩行者へ自車の存在と進路変更・発車・停止などのドライバーの意志を伝え、後方の安全を確保することです。さまざまな色や透過率のレンズを、部位に応じて組み合わせなければなりません。テールランプのレンズは、それぞれの色ごとに成形したレンズを組み合わせているわけではありません。1つのレンズとして一体成形されているのです。これは、1つの金型で複数の樹脂を使って成形する特殊な技術で、金型の設計には高度な知識が要求されます。

リアランプのレンズの3色成形

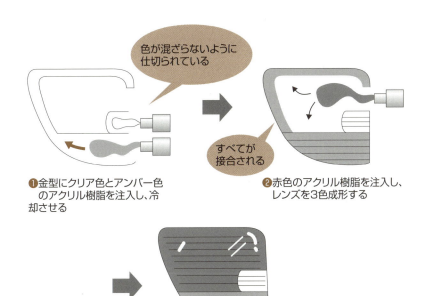

スタンレー電気のウェブサイトを参考に作成

7-1 車体―ボディ、エクステリア、インテリア

レンズ用金型の製作

▲全体

▲一部拡大

提供：牧野フライス製作所

内装—成形が難しいインパネ

　内装品は射出成形で作られるプラスチック製のものが多く、インストルメントパネル、ABCピラー内張り、ハンドルのセンター、エアバッグカバー、センターコンソール、灰皿やグラブボックスなどの蓋、ラゲッジルームの内張り、アームレスト、アシストグリップなど多種多様です。

　その中でもインストルメントパネル、いわゆるインパネは、その性能として、まずメーター、空調システム、計器類などを保持する構造として強度や耐久性が求められます。また、車内に面している部分は内装としての意匠性も重視され、さらには各機器を操作するインターフェースとしての機能性も考えなければいけないなど、要求される項目が非常に多い部品です。

　インパネはプラスチックだけでできているように見えるかも知れませんが、実際にプラスチックだけで作られたハードタイプのものは、カチカチに硬くて質感が悪く、今では商用の軽自動車やトラックなどでしか使われていません。現在の一般的な乗用車のインパネは、やわらかくて弾力があるソフトタイプです。これは、ハードタイプと同じような形のプラスチックの芯材にやわらかいビニール製の表皮をかぶせて芯材と表皮の間にウレタン樹脂を注入し、発砲させて一体化したものです。

　芯材はプラスチックでできていて、射出成形で製造されます。かなり入りくんだ構造となっているので、成形が非常に難しい部品です。

インストルメントパネルと成形品

資料提供：マツダ

　ビニール製の表皮は、加熱した金型に原料を投入し、金型表面の原料を溶融させて薄肉成形をする**パウダー・スラッシュ成形**という方法で作られます。

パウダー・スラッシュ成形

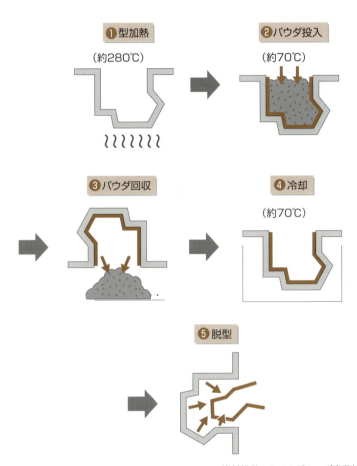

資料提供：トヨタグループ産業技術記念館

7-2 エンジン―高温・高圧・高荷重に耐える部品の数々

•ピストン •コンロッド •クランクシャフト

　自動車に搭載されているエンジンは、レシプロタイプのものとロータリータイプのものがありますが、ここでは最も一般的なレシプロ・4サイクルエンジンについて考えてみましょう。

エンジン本体―ダイカスト、低圧鋳造、プレス加工

　レシプロ・4サイクルエンジンの本体は、大きく分けてシリンダブロック、シリンダヘッド、オイルパンの3つの部分から構成されています。

エンジン本体部品

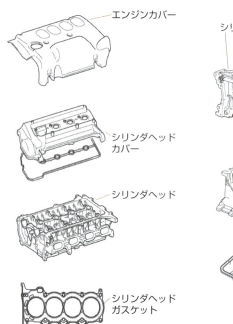

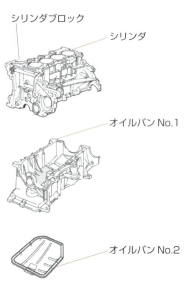

提供：トヨタグループ産業技術記念館

シリンダブロックは、アルミ合金でできています。従来は砂型を用いた鋳造で作られていましたが、最近では金型を利用したダイカストによる成形が一般的です。

シリンダヘッドは、ピストンとともに燃焼室を形成します。また、吸気バルブと排気バルブおよびその開閉を行うカムシャフトを取り付け、混合ガスを吸入する通路（吸気ポート）と、排気ガスを排出する通路（排気ポート）を構成しています。点火プラグもシリンダヘッドに取り付けられます。小さな部品をたくさん組み込むために複雑な形になります。このシリンダヘッドもアルミ合金でできていて、一般には金型を利用した低圧鋳造という方法で製造されます。

オイルパンは、文字どおりオイルを溜めるところです。オイルパンに溜められたオイルは、ポンプで汲み上げられ、さまざまな部品のオイル通路を経て各部を潤滑し、オイルパンに戻る仕組みになっています。通常のオイルパンは薄い鉄板でできていて、金型を利用したプレス加工によって成形されます。

エンジンの運動部品──精度と強度の両立を図る

運動部品としては、ピストン、コネクティングロッド（コンロッド）、クランクシャフトがあります。ピストンが爆発の圧力を受け、コンロッドを介してクランクシャフトでその力を回転運動に換えています。

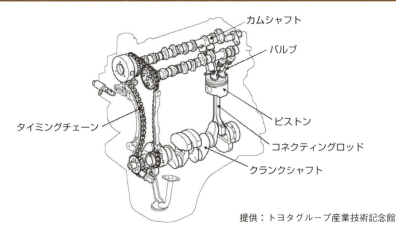

エンジンの運動・動弁系部品

提供：トヨタグループ産業技術記念館

7-2 エンジン―高温・高圧・高荷重に耐える部品の数々

　ピストンは、大部分がアルミニウム合金製です。通常は生産性とコストを重視して鋳造によって成形されますが、レース用エンジンのものなどは燃焼時の衝撃に耐える強度を確保するために鍛造で作ることがあります。いずれの場合も、金型が利用されます。成形されたものに精度を出すために機械加工した後、表面処理を施して接触部を強化します。

　コンロッドの役割は、シリンダ内の大きな圧力を受けたピストンの往復運動をクランクシャフトに伝えて高速で回転させることです。強度が要求されるだけでなく、バランスよく滑らかに運動させるために、きわめて精密な仕上げを必要としています。以前は熱間鍛造で作られていましたが、軽量で重量バランスの精度も高い焼結鍛造で成形されたコンロッドの採用が増えてきました。

コンロッドの鍛造工程と鍛造用金型

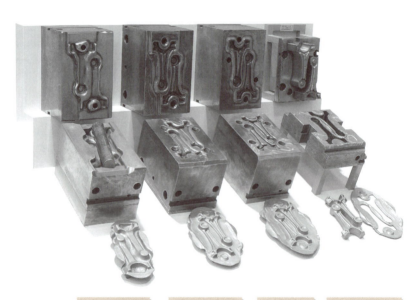

第1荒地工程　第2荒地工程　仕上工程　バリ抜き工程

提供：トヨタグループ産業技術記念館

焼結鍛造コンロッド製造工程

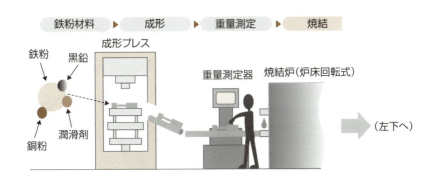

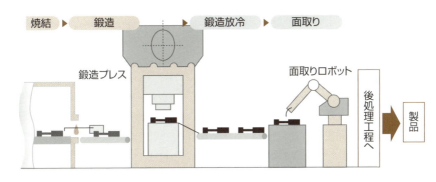

提供：トヨタグループ産業技術記念館

焼結は、原料粉末を製品に近い形にプレス機で加圧成形した後、焼結炉で高温に加熱して粉末粒子を固めるものです。複雑な形状を精密に作ることができるうえに、素材を無駄なく利用できるため歩留まりもよいとされています。焼結の後に鍛造することによって密度を高め、精度と強度の両立を図っています。

　クランクシャフトは、コンロッドを介して伝達されてきたピストンの上下運動を回転力に変えるための軸です。エンジンに固定されている軸の部分をジャーナル、コンロッドとつながっている所をクランクピン、ジャーナルとクランクピンをつなぐ部分をクランクアームとよびます。鍛造によって大まかな形状に成形した後で、機械加工により各部仕上げます。

クランクシャフト鍛造用金型

提供：牧野フライス製作所

　ピストンの往復運動に合わせて、吸気バルブと排気バルブを開閉させる機構のことを**動弁系**とよんでいます。エンジンが2回転する間に、それぞれのバルブは1ずつ開閉します。そのため、タイミングベルトあるいはタイミングチェーンを介してカムシャフトとクランクシャフトを繋ぎ、カムシャフトがクランクシャフトの2分の1の回転速度で回るようになっています。カムシャフトについている卵型のカムが吸気バルブと排気バルブを押してバルブを開閉させます。

　カムシャフトは鋳造により成形された素材のカムおよびジャーナル部を機械加工した後、各部をペーパーラッピングして仕上げます。

7-3 自動車に使われる鍛造部品

- パワートレイン　・ベベルギア　・パワーステアリング　・ピニオンシャフト

　衝撃や引張りなどの力に強い精密な部品を効率よく生産できる鍛造部品は、力を伝える歯車や車軸などの高い強度が必要となるたくさんの自動車部品に使われています。ここでは、車体やエンジン以外の部分に使われている特徴的な自動車鍛造部品をいくつか見てみましょう。

鍛造で作られた自動車部品

▲熱間鍛造部品

▲冷間鍛造部品

提供：トヨタグループ産業技術記念館

パワートレイン

　パワートレインは、エンジンで作り出された回転エネルギーを効率よくタイヤに伝える装置です。クラッチからトランスミッション、プロペラシャフト、ディファレンシャルギヤ、ドライブシャフトまでの部分を指します。

ディファレンシャル用ベベルギヤの成形

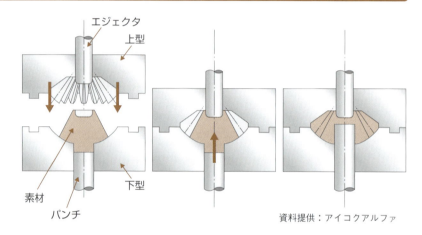

資料提供：アイコクアルファ

ベベルギヤ鍛造用金型

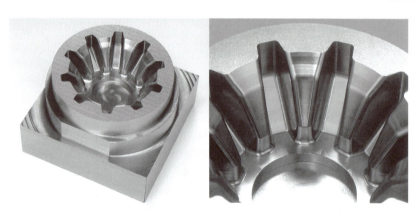

▲全体　　　　　　　　▲一部拡大

提供：牧野フライス製作所

エンジンの回転をドライブシャフト側に変化させて伝えることで、車の走行状態に合わせた力を伝達するのがトランスミッションです。トランスミッションを構成するギヤやシャフトなどの部品の中には、金型を使った鍛造で成形されるものが多く見られます。

車がカーブを曲がる際には、内側のタイヤの軌跡の方が外側のタイヤの軌跡より小さくなる内輪差が生じます。この左右のタイヤの回転差を解消するのが**ディファレンシャルギヤ**です。その主要部品の**ベベルギヤ**は、冷間鍛造で成形されています（前ページの図）。

車のエンジンの駆動力を、最後にタイヤに伝えるのがドライブシャフトです。ドライブシャフトの両端に位置し、ホイールとの結合に使われているのが**等速ジョイント**です。等速ジョイントの主要部品である**インナーレース**は、冷間鍛造で作られます。

等速ジョイント用インナーレース

提供：アイコクアルファ

パワーステアリング

パワーステアリング（パワステ）は、運転者の操舵を補助する機構です。この機構によって、運転者は軽い力で操舵することができます。近年のほとんどの自動車に装備されています。

7-3 自動車に使われる鍛造部品

　ステアリング用**ピニオンシャフト**は、ステアリング装置の中でハンドルの切れ角を伝える部品です。ねじれたギヤの形状が特徴的です。一部がねじれたスプライン状となっている複雑な部品ですが、冷間鍛造で作られています。

パワーステアリング用ピニオンシャフト

提供：アイコクアルファ

カットモデル

7-4 タイヤゴムを成形する金型

・ゴム ・加硫 ・生タイヤ

　タイヤは車の動力を最終的に地面に伝える、非常に重要な役割を果たしています。タイヤはゴムでできていますが、ゴムを成形する金型はどのようになっているのでしょうか。

生ゴムからゴムへ

　私たちが使っているゴムは、生ゴムなどの原材料に硫黄などを添加し、熱と圧力を加えて作ったものです。熱と圧力によってゴムの分子と硫黄の分子が結合し、ゴムに弾力性と耐久性が生まれます。この工程を**加硫**（かりゅう）といいます。このときガスが発生して製品の中に残ってしまいます。このガスをどれだけ除去できるかがゴム製品の性能を大きく左右します。

タイヤ製造の流れ

　タイヤは、骨格となるカーカス部、これを補強するベルト、タイヤとホイールの接合部となるビード部、タイヤが直接地面に触れるトレッド部などから構成されます。各パーツを別々に加工して成型機で1本のタイヤに組み上げ、タイヤの原形となる**生タイヤ**を作ります。

　用意した生タイヤをトレッドパターンが刻まれた金型に入れ、熱と圧力を一定時間加えて加硫と成形を同時に行います。最後にはみ出したゴムを除去して検査をパスしたものが、タイヤとして出荷されます。複雑なトレッドパターンは、コンピュータを利用したシミュレーションなどにより検討を重ねて決定されていきます。

7-4 タイヤーゴムを成形する金型

自動車用ラジアルタイヤの断面図

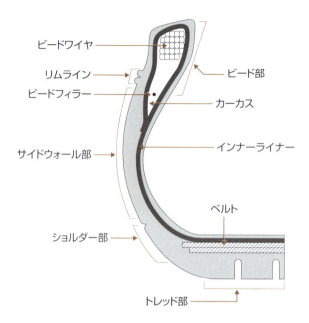

Chapter **8**

金型の「いま」と「これから」

大量生産を目的にしているからこそ、金型が社会に与える影響は計り知れません。日本がリードしてきた世界の金型産業は、今後どのようになっていくのでしょうか。また、その中で日本はどのような方向に進むべきなのでしょうか。

8-1 日本の金型産業の現状

• バブル崩壊　• ITバブル　• リーマンショック

　自動車や家電製品の売れ行きは、消費者の懐具合に左右されます。工業製品の一つである金型の売れ行きも、ユーザー企業の業績に大きく左右されるのです。

景気に左右される金型産業

　金型産業は、金型のユーザーである他の製造業の好不調や世の中の景気によって大きく影響を受けます。次のグラフからも、いわゆるバブル崩壊にあたる1991年以後数年の不景気と、2000年前後のITバブルとその崩壊、そしてなんと言っても、2008年9月に起こったリーマン・ブラザーズの経営破綻とその後の株価暴落などのいわゆる「リーマンショック」の影響によって、金型生産額が大きく増減していることがわかります。特に、リーマンショック後の回復はゆるやかで、金額的にも十分なものではないことに注目する必要があります。

　ITバブル以後の日本の金型産業は、自動車産業や電気・電子産業の生産拠点の海外移転や、東南アジアにおける金型産業の台頭、国内産業の東南アジア企業を活用したコスト削減の取り組みなどによって、出荷額が減少してきました。

▼国別の金型出荷額の推移＊

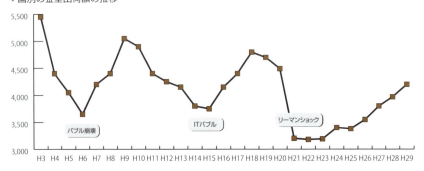

＊…の推移　出典：機械統計より。

8-2 日本の金型産業の強み

・高付加価値金型

　いまでこそ金型生産額世界一の座は「世界の工場」と呼ばれるようになった中国のものとなりましたが、それまで長年にわたって世界一の生産額を維持し続けてきたのが、日本の金型です。日本の金型産業の強みは、どこにあるのでしょうか。

総合的な工業力に支えられている金型産業

　日本の金型産業では、高度な熟練技能を有する多数の人材が活躍しています。また、高い品質はもちろん、いろいろな金型を手がけながら蓄積されてきたノウハウ、製品の表面品質を左右する磨きの技能、短納期への対応などでも強みを発揮しています。

　また、国内の鉄鋼メーカーから高品質な鋼材が調達できることや高度な熱処理技術を有していることなども、日本の金型産業が国際的に高い競争力を持っている大きな要因となっています。金型の加工に使われる工具や工作機械についても、日本には国際的なメーカーが多数存在します。このような製造業に関係する高い総合力が、日本の金型産業の強みといえるでしょう。

日本が誇る高付加価値金型

　金型に限らず、激しく追い上げてくる他国の製品との差別化を図るには、現物を見ただけでは作り方がわからないなど真似することが容易ではないことや、大量生産が困難な付加価値の高い製品が必要とされています。

　国際的にも強い競争力を持っている高付加価値金型として、具体的には以下のような金型があげられます。

高付加価値金型の例

・自動車ボディプレス用などの大型でありながら、高い精度が要求される金型。

・半導体リードフレーム用などの超精密金型。

・自動車用インストルメントパネルのような、複雑な形状を成形する金型。

・同一製品を一度に多数個製造することができる高精度金型。

8-3 日本の金型産業の弱み

・中小企業　・人件費　・設備

　日本の金型産業は、ある意味マンパワーに支えられてきたともいえます。人材に支えられてきた日本の金型産業がこれから克服すべき弱点とは、なんでしょうか。

中小企業の比率が高い日本の金型産業

　日本の金型メーカーは、従業員数20人以下の中小企業が9割を占めています。中小企業は経営資源が十分でない場合が多いことに加え、下請性が強くなるなど、ユーザーに対する立場が弱くなる傾向にあります。

　例えば取引慣行において、海外では金型受注時に鋼材の調達や設計費用のために金型製作費の3分の1～2分の1程度の前払いがあるのに対して、日本では検収後の後払いが中心となっており、これが中小金型企業の資金繰りを圧迫しているという指摘があります。

　また、ユーザーからは常に厳しいコストダウンの要求があるため、出荷数の増加が収益の増加には直接的に結びつかず、厳しい経営環境に置かれている企業もあります。

高い人件費、古い設備

　日用雑貨品用などの単純で高い精度を求められない金型や、新たな開発要素の少ない製品用の金型などについては、中国、韓国、台湾などの金型メーカーと比較して人件費などのコスト面で不利な状況にあります。

　また、最近起業した資金力のある海外の金型メーカーは、最新の設備を積極的に導入し、さらに上位の金型の生産を始めているという点についても留意する必要があります。

日本の金型業界の状況（従業員規模、工業統計）

2005（平成17）年		2015（平成27）年		
従業員数	実数（全体比）	従業員数	実数（全体比）	減少数（増減率）
9人以下	7,691（77.0%）	9人以下	4,644（71.1%）	3,047（-39.6%）
10～19	1,139（11.4%）	10～19	926（14.2%）	213（-18.7%）
20～29	554（5.5%）	20～29	414（6.3%）	140（-25.3%）
30～49	284（2.8%）	30～49	262（4.0%）	22（-7.7%）
50～99	221（2.2%）	50～99	206（3.2%）	15（-6.8%）
100～199	70（0.7%）	100～199	61（0.9%）	9（-12.9%）
200人以上	25（0.3%）	200人以上	22（0.3%）	3（-12.0%）
合計	9,984（100.0%）	合計	6,535（100.0%）	3,449（-34.5%）

COLUMN 大学における金型教育

　最近、団塊世代の大量定年が危惧されており、ものづくり技術の継承と人材育成の問題が深刻化しています。日本のものづくり産業は人的な技術力の高さを最大の特徴としてきたことから、高度な技能・技術を継承していくための教育制度の充実が問われています。

　このような背景のなか、ものづくりに重点をおいたカリキュラムや「金型学科」のような制度を開設するなど、金型を「学問」としてとり入れようとする動きが日本の大学にみられるようになりました。

　これらの取り組みの目的は、金型の設計や製造に関する知識を教えられた「技能者」を養成することだけではありません。それらの知識を生かして独自の新しい技術を開発できる「技術者」、さらには有望なビジネスに生かすことができる「経営者」としての育成も目標としているのです。これらの知識は、金型以外の他の産業で活躍することになった場合でも、決して無駄になることではありません。

　金型教育について学科・専攻や講義の新設を行うなど具体的に取り組んでいる大学としては、岩手大学、群馬大学、日本工業大学、芝浦工業大学、岐阜大学、近畿大学、大阪工業大学、九州工業大学、大分県立工科短大などがあげられます（2018年5月9日現在）。

8-4 金型産業の展望

・東南アジア　・自動車産業

　自動車部品や家電製品などと同様に、金型の生産拠点も海外への移転が進んでいます。日本国内の金型産業は、今後どのように推移していくのでしょうか。

 アジア諸国の急速な追い上げ

　日本国内の金型市場は、ユーザー産業の東南アジアなどへの生産拠点の海外移転が増加したことなどから縮小傾向にあります。海外での生産に使う金型については、現地の企業で技術的対応が困難であるなどの理由から国内のメーカーに発注されるケースもあるようですが、長期的には国内市場の大幅な伸びは期待できないうえに、海外の金型メーカーの活用の増加や、自動車メーカーなどのアジアをはじめとする海外の生産拠点での現地調達の進展などにより、国内市場の競争はいっそう厳しくなっていくものと予想されます。

　これまで見てきたように、金型産業を牽引している第一の産業は自動車産業ですが、この自動車産業についても東南アジアでの生産が中心となってきています。やはり、実際にモノを作っている場所で生産技術は高まっていくものです。現在、日本での生産が必要とされる金型は、海外では生産できない難しい金型と説明してきましたが、これからはそのような金型も減っていき、中国、タイ、ベトナムなどの国で作られるようになっていくでしょう。

8-5 これからの日本の金型産業

・研究開発 ・海外新技術 ・IT活用 ・伝承

アジア諸国などの追い上げの激しい金型産業。今後も世界のトップレベルを維持するためには、さらなる努力が必要とされています。

新たな取り組みが重要

日本の金型産業が競争力を強化・維持していくためには、これまでに蓄積してきた技能や技術を研究開発などによってさらに発展させて新しい独自技術を確立し、それを強化していくことが重要です。欧米から発信される工具やソフトウェアに関する新技術には注目すべきものがたくさんあります。有用なものは積極的に取り入れていかなければなりません。同時に、ネットワークやCAD/CAM/CAEなどのIT活用によって、生産システムのさらなる合理化や技能・技術伝承の仕組み作りなどに取り組む必要もあります。また、ユーザー企業との取引関係の適正化や知的財産権の保護・管理体制の構築などに努めることも重要です。

金型産業強化のための取り組み

- ・研究開発による独自技術の確立
- ・海外新技術の積極的な導入
- ・ネットワークやCAD/CAM/CAEなどのIT活用の促進
- ・生産システムのさらなる合理化
- ・技能・技術伝承のための仕組み作り
- ・ユーザー企業との取引関係の適正化
- ・知的財産権の保護・管理体制の構築

日本の金型技術は世界一

　ものづくりのあるところに、必ず金型があります。金型産業がないということは、ものを作っていないということです。金型産業が衰退していくのを黙って見ているのは、ものづくりを放棄したということです。生産量としては中国に抜かれてしまった日本ですが、技術面では現時点でも圧倒的な世界一であると確信しています。

　金型産業に限らず、日本の製造業はたくさんの優秀な技能・技術者の真摯な取り組みに支えられてきました。これまでの活動を維持・継続するためにも若手技術者の育成は不可欠であり、製造業全体の取り組みとして盛り上げていく必要があります。

参考文献

■ **書籍・カタログより参照**

『よくわかる金型のできるまで』(吉田弘美、日刊工業新聞社)

『はじめての金型技術』(松岡甫篁・小松道男、工業調査会)

『はじめてのプラスチック成形』(保坂範夫、工業調査会)

『はじめての生産システム』(神田雄一、工業調査会)

『図解　金型がわかる本』(中川威雄、日本実業出版社)

『トコトンやさしい金型の本』(吉田弘美、日刊工業新聞社)

『金型製作の基本とノウハウ』(ツールエンジニア編集部、大河出版)

『よくわかる最新プラスチックの仕組みとはららき』
　(桑嶋幹・木原伸浩・工藤保弘、秀和システム)

『よくわかる最新金属の基本と仕組み』(田中和明、秀和システム)

『3次元CAD実践活用法』(日本設計工学会、コロナ社)

『ダイカストって何?』(日本ダイカスト協会)

『モノづくり解体新書　一の巻〜七の巻』(日刊工業新聞社)

『クルマはかくして作られる』(福野礼一郎、二玄社)

『続クルマはかくして作られる』(福野礼一郎、二玄社)

『MISUMI プレス金型用標準部品カタログ 2007』(ミスミ)

『MISUMI プラ金型用標準部品カタログ 2007』(ミスミ)

『JISハンドブック　工作機械　2007』(日本規格協会)

『JISハンドブック　金型　2007』(日本規格協会)

参考文献

■CD-ROM教材より参照

『KATA-KISO』(クライムエヌシーデー)

『E-Trainer インジェクション金型の基礎』(NTTデータ エンジニアリングシステムズ)

『E-Trainer プレス金型の基礎』(NTTデータ エンジニアリングシステムズ)

『E-Trainer インジェクション金型の設計1』(NTTデータ エンジニアリングシステムズ)

『E-Trainer インジェクション金型の設計2』(NTTデータ エンジニアリングシステムズ)

■ホームページより参照

型技術協会 (http://www.jsdmt.jp/)

日本金型工業会 (https://www.jdmia.or.jp/)

日本ダイカスト協会 (http://www.diecasting.or.jp/)

金型技術振興財団 (http://www.katazaidan.or.jp/)

21世紀金型会 (http://www.kanagata.com/)

金型産業情報 (https://ido21.com/)

精密工学会 (http://www.jspe.or.jp/)

プラスチック射出成形 (http://www.geocities.jp/tukuba777/home.html)

NCネットワーク (https://www.nc-net.or.jp/)

トヨタ産業技術記念館 (http://www.tcmit.org/)

造幣局 (https://www.mint.go.jp/)

索引 Index

あ行

アキュムレーター ……………………… 81
圧縮成形 ………………………………… 26
アディティブマニュファクチャリング ‥ 116
アドオン ………………………………… 106
アニール ………………………………… 41
アンギュラピン ………………………… 45
アンダーカット ………………………… 43
アンダーカット処理 ………………… 43,90
鋳型 ……………………………………… 14
鋳込口 …………………………………… 81
鋳込口ブッシュ ………………………… 87
鋳巣 ……………………………………… 95
板押え …………………………………… 71
一般構造用圧延鋼材 …………………… 132
鋳物 ……………………………………… 14
入子 ……………………………………… 87
インクジェット滴下法 ………………… 115
インジェクション金型 ………………… 20
インジェクション・モールティング … 20
インナーレース ………………………… 169
インフレーション法 …………………… 23
上型 ……………………………………… 58
ウェルドライン ………………………… 51
エアベント ……………………………… 88
エジェクタピン ………………………… 42
エジェクタプレート …………………… 42
エッチング …………………………… 28,55
円筒研削 ………………………………… 140
エンドミル ……………………………… 139
オイルパン ……………………………… 163

か行

オーバーフロー ………………………… 88
置き中子 ………………………………… 91
押出し成形 ……………………………… 21
押出装置 …………………………… 35,80
おも型 …………………………………… 87
温度条件 ………………………………… 54

ガイドピン ……………………………… 70
ガイドブッシュ ………………………… 70
ガイドポスト …………………………… 70
かじり …………………………………… 42
仮想生産 ………………………………… 120
型 ………………………………………… 12
型締装置 …………………………… 35,80
型彫り放電加工 …………………… 144,146
可動型 …………………………………… 87
金型 ……………………………………… 12
金型設計 ………………………………… 102
可溶性中子 ……………………………… 91
加硫 ……………………………………… 171
機械構造用炭素鋼 ……………………… 132
逆押え …………………………………… 71
キャビティ ………………………… 36,87
境界要素法 ……………………………… 112
キレツ …………………………………… 66
グースネック …………………………… 84
組立作業 ………………………………… 151
組立図 …………………………………… 102
クランクシャフト ……………………… 165
クリアランス …………………………… 63
傾斜スライド …………………………… 46

傾斜スライド方式 …………………… 46	シボ ……………………………………… 55
傾斜ピン方式 ………………………… 90	絞り加工 …………………………… 18,66
ゲート …………………………… 37,87	射出条件 ………………………………… 54
研削盤 ………………………………… 140	射出成形 ………………………………… 20
検収 …………………………………… 152	射出成形機 …………………………… 34
コアストップブロック ……………… 45	射出装置 …………………………… 35,80
コアプラ方式 ………………………… 90	シャンク ……………………………… 70
コア戻し用スプリング ……………… 45	自由曲面 ……………………………… 104
コイル材 ……………………………… 74	樹脂押出し法 ………………………… 115
高圧鋳造法 …………………………… 97	順送加工 ……………………………… 74
合金工具鋼鋼材 …………………… 134	仕様 …………………………………… 102
工具鋼 ………………………………… 133	焼結 …………………………………… 165
工作機械 ……………………………… 135	仕様書 ………………………………… 102
構想設計 ……………………………… 102	ショートショット …………………… 49
高速度工具鋼鋼材 ………………… 134	シリンダブロック …………………… 163
高付加価値金型 …………………… 176	シリンダヘッド ……………………… 163
コールドチャンバー式 ………… 80,81	しわ ……………………………………… 66
固定型 ………………………………… 87	しわ押え ……………………………… 66
固定ストリッパプレート …………… 70	真空成形 ……………………………… 25
コンカレント・エンジニアリング … 118	真空ダイカスト法 …………………… 96
コンロッド …………………………… 164	巣 ………………………………………… 95
	数値制御 ……………………………… 141

さ行

サーボプレス機械 …………………… 59	スクイーズキャスティング法 ……… 97
サイマルテニアス・エンジニアリング … 118	ストリップレイアウト図 …………… 76
差分法 ………………………………… 113	ストレートサイド形フレーム構造 … 61
残留応力 ……………………………… 27	砂型 ……………………………………… 14
仕上げ ………………………………… 150	スプリングバック …………………… 65
ジェッティング ……………………… 53	スプルー ……………………………… 36
しごき加工 …………………………… 67	スプルーブッシュ …………………… 87
下型 ……………………………………… 58	図面 …………………………………… 102
自動給湯装置 ………………………… 92	スライド ……………………………… 59
自動工具交換装置 ………………… 142	スライド駆動機構 …………………… 59
自動スプレー装置 …………………… 93	スライドコア ………………………… 45
自動製品取出装置 …………………… 93	スライドユニット …………………… 46
	スライドロッド ……………………… 46

スラリー	98
スリーブ	81
スリープレート金型	38
積層造形法	114
切断シート積層法	116
せん断加工	17,62
旋盤	136
専用化射出成形機	34
素形材	13
塑性変形	64
外側スライドコア方式	45
ソリ	49

た行

ターニングセンタ	143
ダイ	21,62
ダイカスト	15
ダイカスト金型	87
ダイカストマシン	80
ダイセット	70
タイバー	81
ダイプレート	70
ダイレクト・トランスレーター	107
試し加工	152
弾性変形	64
鍛造	16
炭素工具鋼鋼材	133
タンデムライン	74
チクソキャスティング法	98
注型重合法	41
鋳造	14
超硬	134
超硬合金	134
超硬工具	134
ツープレート金型	38

ディファレンシャルギヤ	169
デンドライト	98
導光板	29
等速ジョイント	169
導体	147
動弁系	166
トライアウト	152
トランスファ加工	72
トランスファユニット	72
トリム加工	63

な行

内部応力	27
内面研削	140
中ぐり加工	137
中ぐり盤	137
生タイヤ	171
抜き勾配	43
熱可塑性樹脂	115
熱可塑性プラスチック	20
熱間鍛造	16
ネック成形	68
熱硬化性プラスチック	20
ノックピン	70

は行

バーチャル・マニュファクチャリング	120
パーティングライン	36,88
ハイス	134
バイト	136
ハイドロフォーミング	155
パウダー・スラッシュ成形	160
鋼	13
パッキングプレート	70
バリ	27,50,150

パリソン	24
パワーステアリング	169
パワートレイン	168
半凝固ダイカスト	98
パンチ	62
パンチプレート	70
半溶融ダイカスト	98
ピアス加工	63
光硬化性樹脂	115
光造形法	115
引抜中子	87,90
ヒケ	48
ひけ巣	95
ピストン	164
ピニオンシャフト	170
標準型射出成形機	34
ビレット	98
ファインブランキング	71
フィンガ	72
深絞り加工	67
部品図	103
フライス	138
フライス盤	138
プラスチック	20
ブランキング加工	63
フランジ成形	68
フランジ部	66
プランジャチップ	83
ブリッジ形フレーム	61
プレス加工	17
プレス機械	58,60
ブロー成形	24
ブローホール	95
フローマーク	52
プログレッシブ加工	74
粉末焼結法	116
平面研削	140
ベベルギヤ	169
崩壊性砂中子	91
放電加工	144
ボールエンドミル	139
ボール盤	137
保持炉	81
ホットチャンバー式	80,84
ホットランナー金型	39
ボルスタ	59
梵鐘	146

ま行

巻き込み巣	95
曲げ加工	17,63
マザーツール	135
マザーマシン	135
マシニングセンタ	142
みがき	150
無孔性ダイカスト法	96
メルティングポット	84
木工機械	135
門形フレーム	61

や行

焼入れ	132
焼なまし	132
焼ならし	133
焼もどし	132
湯	14
有限要素法	111
湯口	87
湯口方案	88
湯溜り	88

湯道 …………………………………… 87
溶接 …………………………………… 89

ら行

ラドル ………………………………… 81
ラピッドプロトタイピング …………… 114
ランナー …………………………… 37,87
ランナー処理 ………………………… 37
ランナレス金型 ……………………… 39
リードフレーム ……………………… 28
リーマ ……………………………… 137
るつぼ ………………………………… 81
冷間鍛造 ……………………………… 16
冷却水管 ……………………………… 91
レオキャスティング法 ……………… 98
ロールフィーダー …………………… 74
ロッキングブロック ………………… 45
ロボット ……………………………… 74

わ行

ワイヤ放電加工 ……………… 144,147
割れ ………………………………… 66

アルファベット

ATC ………………………………… 142
BEM ………………………………… 112
Boundary Element Method ……… 112
C形フレーム構造 …………………… 60
CAD ………………………………… 105
CAD/CAM ………………………… 148
CAE ………………………………… 108
CAM ………………………………… 148
CE …………………………………… 118
CNC ………………………………… 141
Computer Aided Design ………… 105
Computer Aided Engineering …… 108
Computer Aided Manufacturing … 148
EDM ………………………………… 144
FDM ………………………………… 113
FEM ………………………………… 111
Finite Difference Method ………… 113
Finite Element Method …………… 111
HRC ………………………………… 133
L曲げ ………………………………… 63
MC …………………………………… 142
NC …………………………………… 141
NC工作機械 ………………………… 141
NC旋盤 ……………………………… 143
NCプログラム ……………………… 141
PL …………………………………… 36
RP …………………………… 114,119
S-C材 ……………………………… 132
SKD材 ……………………………… 134
SKH材 ……………………………… 134
SKS材 ……………………………… 134
SKT材 ……………………………… 134
SK材 ………………………………… 133
SS材 ………………………………… 132

Tダイ法 …………………………………… 23
U曲げ ……………………………………… 63
V曲げ ……………………………………… 63

数字

2次元CAD ……………………………… 105
2枚構成金型 ……………………………… 38
3次元CAD ……………………………… 106
3枚構成金型 ……………………………… 38

● 著者紹介

森重　功一（もりしげ・こういち）

1969年神奈川県生まれ。
1998年電気通信大学大学院博士後期課程修了。博士（工学）。
同大学助手、講師、助教授、准教授を経て、2017年4月より教授。
専門は、CAD/CAM、生産システム、知能化工作機械。
精密工学会、日本機械学会、型技術協会などの学協会で活動中。

研究室ホームページアドレス
http://www.ims.mce.uec.ac.jp/

イラスト制作協力
　株式会社明昌堂
　松本章

図解入門よくわかる
最新金型の基本と仕組み [第2版]

発行日	2018年　6月30日	第1版第1刷
	2024年　6月18日	第1版第4刷

著　者　森重　功一

発行者　斉藤　和邦
発行所　株式会社　秀和システム
　　　　〒135-0016
　　　　東京都江東区東陽2-4-2　新宮ビル2F
　　　　Tel 03-6264-3105（販売）Fax 03-6264-3094
印刷所　三松堂印刷株式会社　　　　Printed in Japan

ISBN978-4-7980-5486-5 C0053

定価はカバーに表示してあります。
乱丁本・落丁本はお取りかえいたします。
本書に関するご質問については、ご質問の内容と住所、氏名、電話番号を明記のうえ、当社編集部宛FAXまたは書面にてお送りください。お電話によるご質問は受け付けておりませんのであらかじめご了承ください。